아직도 내 아이를 모른다

The Whole-Brain Child

12 Revolutionary Strategies to Nurture Your Child's Developing Mind,
Survive Everyday Parenting Struggles and Help Your Family Thrive

톡하면 상처 주는 부모에게
'아이의 뇌'가 하고 싶은 말

아직도 내 아이를 모른다

대니얼 J. 시겔 & 티나 페인 브라이슨 지음
김아영 옮김 | 김영훈 감수

★★★ 이 책에 쏟아진 찬사 ★★★

《아이의 인성을 꽃피우는 두뇌 코칭No-Drama Discipline》과 《예스 브레인 아이들의 비밀The Yes Brain》 저자들은 아이의 뇌가 어떻게 연결되어 있고, 어떻게 성숙하는지 과학적으로 설명했다. 아이의 건강한 두뇌 발전을 위한 12가지 습관이 담긴 선구적이고 실용적인 책이다.

-미국 유력 일간지 〈뉴욕 타임즈〉

저자들은 균형 잡힌 뇌의 통합이 자신에 대한 이해, 더 강한 인간관계, 그리고 학교에서의 성공을 만들어 낸다고 밝혔다. 이 책은 뇌과학 지식을 부모들에게 친근하게 알려주기 위해 모든 노력을 기울였다.

-미국 출판 전문 웹진 〈퍼블리셔스 위클리〉

최근 신경과학 연구에 바탕을 둔 신선한 아이디어로 가득 차 있다. 나는 친절하고, 행복하고, 정서적으로 건강한 아이들을 원하는 모든 부모들에게 《아직도 내 아이를 모른다》를 읽을 것을 추천한다. 내 아이들이 어렸을 때 굉장히 실용적인 이 책을 읽었으면 얼마나 도움이 되었을까? 저자들과 같은 시대를 살아가는 당신은 행운아다. 단연코 말할 수 있다. 이 책은 아이들 인생의 '선물'이다.

-메리 파이퍼(임상심리학자, 뉴욕타임즈 베스트셀러 《리바이빙 오필리아Reviving Ophelia》 저자)

《아직도 내 아이를 모른다》에는 행복하고 정신이 건강한 아이로 키우는 습관이 담겨 있다. 12가지 습관은 아이들의 성공적인 삶을 위해 필요한 능력, 즉 감정지능을 계발하는 강력한 도구를 제공한다. 부모들은 자녀들의 감정에 더 많이 공감할 것이고, 부모로서의 역할에 더 만족하는 방법을 배울 것이다. 0~12세 아이들이 궁극적으로 의미 있고 즐거운 삶을 살도록 깨달음을 준다.

-크리스틴 카터(사회심리학자 및 양육 전문가, 《아이의 행복 키우기》 저자)

다이나믹하고 읽기 쉬운 이 책은 '좋은'과 '나쁜' 양육의 오래된 모델들을 거둬내고, 두뇌 발달이 육아에 끼치는 영향을 과학적인 관점으로 제시한다. 페이지를 가득 채우는 생동감 넘치는 일화에서 부모들은 분명 '아하!'를 외치게 될 것이다. 일상에서의 공감과 통찰이 아이의 경험을 통합하고, 보다 탄력적인 두뇌를 계발하는 데 엄청난 도움을 준다는 사실을 알게 될 것이다.

-마이클 톰슨(아동심리학자, 베스트셀러 《아이와 통하는 부모는 노는 방법이 다르다》 저자)

선구적이고 실용적인 베스트셀러 저자들은 자녀들이 어떻게 건강한 감정과 지적 발달을 키울 수 있는지 보여준다. 이 책은 당신의 아이들이 안정되고, 의미 있는 동시에 유대감 높은 인간관계로 가득한 삶을 살도록 도와줄 것이다.

-미국 서평 전문지 〈커커스 리뷰〉

차례

2장 아이들이 현재에 충실한 이유

3장 아이는 왜 매일 다를까?

4장 아이의 감정을 지배하는 기억

5장 스스로 마음을 들여다보는 법

6장 혼자서 행복한 아이는 없다

육아의 목표는 인내하기와 성공하기

세상 모든 부모는 아이가 훨씬 수준 높은 삶을 살기를 원한다. 물론 진땀나는 일상의 순간들도 잘 헤쳐나가고 싶겠지만, 결국 부모의 목표는 아이들을 훌륭하게 키우는 것이다. 아이들이 의미 있는 인간관계를 누리고, 공부를 열심히 하고, 학교생활도 잘 해내고, 상냥하고 책임감 있는 사람이 되고, 스스로의 가치나 능력을 믿고 당당하게 살기를 바란다.

첫째, 인내하기(난관을 헤치고 육아 임무 완수하기),

둘째, 성공하기(자녀를 성공적으로 키우기).

우리는 오랜 시간에 걸쳐 수천 명의 부모를 만나보았다. 그들에게 가장 중요한 것이 무엇이냐고 물으면, 표현은 제각각이어도 결국 위의 두 가지 목표를 가장 많이 꼽는다. 먼저 부모들은 양육 과정에서 맞닥뜨리는 힘든 상황을 완수하려 하고, 나아가 아이들과 가족이 모두 성공적으로 살아가기를 바란다.

부모가 평온하고 이성적일 때는, 아이의 정신을 성숙하게 하고, 아이들이 세상에 더욱 경이감을 느끼고, 인생의 모든 측면에서 잠재력을 발휘하도록 돕는 데 신경을 쓴다. 하지만 정신이 없고 스트레스를 받을 때는, 어떻게든 아이를 구슬려서 유치원이나 학교에 늦지 않도록 차에 태우고 달려야 하는 경우도 있다. 이럴 때는 “너 정말 못됐구나!”라든가 “대체 왜 이러니?”라면서 언성을 높이는 일이 없도록 제어하는 정도밖에 바랄 수가 없다. 하지만 잠시 시간을 내어 자신에게 물어보자.

‘아이를 위해 내가 진심으로 바라는 일이 무엇인가?’

‘아이가 어른이 될 때까지 어떤 자질을 일깨워줘야 하는가?’

그렇다면 그러한 자질을 길러주기 위해 일부러 시간을 내는 경우는 얼마나 될까? 보통의 부모라면, 앞으로 성공하는 데 도움이 될 경험을 아이들에게 제공해주기는커녕 함께하는 시간을 인내하는 데 대부분의 시간을 쓸 것이다.

또 자신을 ‘완벽한’ 부모와 비교하고 있지는 않은가? 아이들에게 타인을 돕는 일의 중요성을 외국어로 읽어주고, 영양소가 골고루 들어간 유기농 요리를 만들어주고, 고전음악이 흐르는 하이브리드 자동차로 함께 미술관에 가는 학부모회 회장 같은 사람 말이다. 하지만 우리 중에 이런 초인적인 부모는 없다. 특히 하루의 대부분을 '인내하기' 상태로 보내고 있다면 더더욱 그렇다.

그런데 이런 보통의 부모들에게 전해줄 기막힌 소식이 있다. 그저 하루하루 인내하려고 노력하는 그 순간이 사실은 자녀의 성공을 도와줄 기회라는 것이다.

아이들이 다니는 학교 교장 선생님과의 면담에 불려 갈 때, 아이들이 버릇없이 굴고 말대꾸할 때, 크레파스로 온통 낙서해놓은 벽을 발견할 때, 이런 순간들은 분명 '인내해야' 하는 순간이다. 하지만 동시에 기회이며 심지어 선물이기도 하다. '인내해야' 하는 순간은 '성공하기' 위한 순간이기도 한 데다 이때 양육에서 중요하고도 의미 있는 과정이 만들어지기 때문이다.

여러분이 인내해야 하는 상황을 하나 떠올려보자. 예를 들어, 아이들이 1분에 한 번씩 티격태격하는 경우다. 이럴 때는 그냥 싸움을 말리거나 아이들을 각 방에 떼어놓는 대신, 이 싸움을 기회로 삼아 타인의 관점에 귀 기울이도록 가르칠 수 있다. 또는 자신이 원하는 바를 정중하고도 분명하게 전달하는 방법이라든가 타협, 희생, 협상, 용서 등을 가르칠 수 있다. 물론 아이가 이성을 잃고 흥분했을 때 이렇게 하기는 어렵다. 하지만 아이의 정서적 욕구와 정신 상태를 조금이나마 이해하고 다가간다면 국제연합 평화유지군 없이도 긍정적인 결과를 이끌어낼 수 있다.

싸우는 아이들을 떼어놓는 행동이 잘못되었다는 말이 아니다. 그것은 훌륭한 '인내하기' 기술이고, 상황에 따라서는 최고의 해결책일 수도 있다. 하지만 단순히 갈등과 소란을 끝맺는 것으로 상황을 종료하기보다 더욱 현명하게 해결할 수 있을 때가 많다. 다시 말해, 이런 상황을 활용하여 아이들의 두뇌뿐만 아니라 인간관계의 기술을 연마하고 인격을 도야하는 경험으로 바꾸어놓을 수 있다. 아이들은 시간이 지남에 따라 부모의 지도 없이도 갈등을 다루는 데 점차 능숙해진다. 이것은 여러분이 자녀의 성공을 도와줄 수 있는 수많은 방법 중 하나에 불과하다.

'인내하기-성공하기' 접근법의 장점은 아이의 성공을 위해 특별히 시간을 내지 않아도 된다는 것이다. 대신 아이들과 나누는 모든 상호작용을 활용하면 된다. 아름답고 기적적인 일뿐만 아니라 스트레스 받고 화나는 사건까지도 기회로 삼아, 여러분의 바람대로 아이가 책임감 깊고 타인을 배려하는 유능한 사람으로 자라나도록 도와주면 된다. 이처럼 일상적인 순간들을 이용해서 아이들이 진정한 잠재력을 발휘하도록 도와주는 것, 그것이 바로 이 책의 내용이다.

이제 우리는 성취와 완벽함만을 과도하게 강조하는 학술적 접근에 맞서는 가장 현실적인 양육법을 살펴보려 한다. 해답은 단순하다. 어린 자녀의 뇌, 그 두뇌에 대해 알아야 한다.

이 책의 활용법

앞으로 우리는 전뇌whole-brain, 全腦적 관점을 설명할 것이다. 1장에서는 두뇌 기반 양육의 개념과 더불어, 전뇌적 접근법의 핵심이자 단순하고도 강력한 '통합' 개념을 소개하려 한다. 2장에서는 아이가 논리적 자아와 정서적 자아를 연결할 수 있도록 좌뇌와 우뇌를 함께 쓰는 방법에 초점을 맞춘다. 3장에서는 본능에 가까운 하위 뇌downstairs brain와 더욱 깊은 사고를 담당하는 상위 뇌upstairs brain의 연결이 중요하다는 점을 강조한다. 상위 뇌란 의사 결정, 개인적 통찰, 공감, 도덕성 등을 담당하는 부위를 말한다. 4장에서는 아이들이 과거의 고통스러운 순간들에 대처하도록 도와주는 방법을 설명한다. 이해를 중심으로 접근하면 과거의 순간들을 의식적, 의도적으로 조심스럽게 다룰 수 있다. 5장에서는 아이들이 잠깐 행동을 멈추고 자신의 마음 상태를 깊이 생각해보도록 가르치는 기법을 설명한다. 자신의 마음 상태를 헤아릴 수 있을 때, 아이들은 세상을 느끼고 그에 반응하는 방식을 선택할 수 있다. 6장에서는 자신의 고유한 정체성을 지키면서도 타자와 연결됨으로써 얻는 행복감과 충족감을 아이들에게 알려주는 법을 조명한다.

이와 같은 전뇌 접근법의 다양한 측면을 확실히 이해하면 여러분은 양육을 완전히 다른 방식으로 보게 될 것이다. 우리는 부모로서 어떤 위해나 상처로부터 자녀를 보호해야 하지만, 완벽하게 지켜줄 수가 없다. 아이들은 넘어져 다치고 마음에 상처를 입고, 겁먹고 슬퍼하고 화를 낼 것이다.

사실 아이들이 성숙하고 세상을 배울 수 있는 것은 이런 힘겨운 경험을 통해서다. 우리는 피할 수 없는 인생의 숱한 난관에서 아이들을 보호하는 대신, 아이들이 그런 경험과 세상에 대한 이해를 통합함으로써 배움을 얻도록 도와야 한다. 아이들이 자신의 삶을 이해하는 방식은 단지 일어난 사건만이 아니라 부모와 선생님을 비롯한 양육자들이 반응하는 방식과도 관련이 있다.

우리는 이러한 점을 염두에 두고 주된 목표를 잡았다. 자녀 양육을 좀 더 쉽게, 그리고 자녀와의 관계를 더욱 의미 있게 만들어줄 구체적인 수단을 제공하는 것이다. 각 장의 거의 절반을 '두뇌 양육을 위해 부모들이 할 수 있는 일'에 할애했다. 각 장에 나오는 과학적 개념을 어떻게 적용하는지 예를 들고 실용적인 방안을 제시했다.

각 장의 끝 부분에는 새로 배운 지식을 바로바로 적용할 수 있도록 안내하는 코너가 있다. 그중 '말해주기'의 목적은 각 장의 기본적인 내용을 자녀에게 가르치도록 하는 것이다. 어린아이에게 뇌에 대해 이야기한다니 조금 의아할지도 모르겠다. 아이에게 뇌과학에 대해 설명하는 것이니 말이다. 하지만 우리가 연구 조사한 결과에 따르면, 네다섯 살 된 어린아이도 두뇌의 작용 방식에 있어 중요하고도 기본적인 사항을 이해할 수 있다.

이로 인해 아이들은 새롭고 통찰력 있는 방식으로 자신의 행동과 감정, 나아가 자기 자신을 이해하게 된다. 뇌에 대한 이러한 지식은 아이들에게 매우 강력한 힘이 되는 것은 물론, 서로 즐겁게 사랑하고 훈육하고 가르치려 애쓰는 부모들에게도 큰 힘을 준다. 초등학생 시기의 아동을 대상으로 삼았지만, 자녀의 발달 상황에 맞추어 자유롭게 내용을 각색해 읽어도 좋다.

대부분의 책이 아이의 내면과 부모의 연결에 초점을 맞추는 반면, 이 책은 각 장에서 설명하는 개념을 부모 자신의 삶과 인간관계에 적용하도록 방향을 잡고 있다. 아이들이 발달함에 따라 그들의 뇌는 거울처럼 부모의 뇌를 반영한다. 다시 말해 부모의 성장과 발달, 결핍이 아이의 뇌에도 영향을 끼친다는 뜻이다. 부모가 더욱 많이 깨닫고 정서적으로 건강해짐에 따라 자녀도 그에 따른 보상을 얻고 점점 건강해진다. 부모들이 자신의 뇌를 통합하고 계발하는 일이야말로 자녀에게 줄 수 있는 가장 후하고 애정 어린 선물이라는 의미다.

또 하나의 코너는 전뇌적 양육을 위해 부모들이 할 수 있는 '단계별 코칭 1~12'이다. 책의 내용을 아동의 나이와 발달 상태에 따라 어떻게 적용할 수 있는지 요약해놓았다. 성장하는 아이의 발달단계에 따른 가장 적합한 제안과 사례들을 훑어보면 된다. 자녀가 자랄수록 전뇌 계발을 위한 12가지 습관을 새로운 단계에 맞추어 적용하는데 도움이 필요할 것이다. 필요한 부분을 언제든 손쉽게 찾을 수 있도록 박스로 정리했다. 자녀가 성장하고 변화하는 동안에도 아이의 발달단계에 따라 자유자재로 활용할 수 있는 명확하고 구체적인 육아 필독서로 남기를 바란다.

이 책을 집필하면서 항상 독자 여러분을 염두에 두고 최대한 이해하기 쉽게 만들려고 노력했다. 과학자의 입장에서 정확함과 정밀함에 역점을 두는 동시에, 부모의 입장에서 실용적인 이해를 목표로 삼았다. 우리는 이 두 입장 사이에서 고심했다. 중요한 최신 정보를 전달하되 알기 쉽게 제시하여 바로바로 실생활에 적용하게 하는 데 역점을 두었다.

이 책은 과학을 바탕으로 쓰였지만 과학 수업이나 학술 논문처럼 딱딱하지는 않을 것이다. 분명 이 책은 뇌과학 이야기이고, 우리는 연구에서 입증된 과학적 사실에 충실하고자 했다. 하지만 이러한 점 때문에 여러분과 멀어지기보다는 즐겁게 정보를 나누고 싶었다. 지금까지 우리 두 사람이 경력을 쌓아오면서 얻은, 복잡하지만 필수적인 뇌 지식을 부모들이 이해하고 일상에서 자녀와의 상호작용에 바로 적용할 수 있도록 정리했다. 그러니 뇌 이야기라고 해서 손사래부터 치지 않길 바란다. 이 책에서 소개하는 범주보다 더욱 세부적인 과학적 내용을 알고 싶다면 대니얼의 책《마음을 여는 기술Mindsight》과《마음의 발달The Developing Mind》개정판을 읽어보기 바란다.

뇌를 이해함으로써 자녀에게 무엇을 가르칠지, 어떻게 반응할지, 왜 그래야 하는지를 더욱 의식적으로 생각할 수 있게 된다. 그리고 단지 '인내하기'보다 훨씬 많은 일을 해낼 수 있다. 아이들이 뇌를 전체적으로 계발하는 경험을 반복하면서 부모로서 겪는 위기 상황과 점차 덜 마주하게 될 것이다.

나아가 '통합'을 이해한다면 여러분은 자녀를 더욱 깊이 이해하고, 힘든 상황에 효과적으로 대처하며, 아이들이 평생에 걸쳐 경험할 사랑과 행복의 기초를 마련해줄 수 있다. 그 결과 여러분의 자녀는 어른이 되어서도 성공적인 삶을 살아갈 것이며, 부모를 비롯한 가족 모두가 성공적인 삶을 누리게 될 것이다.

대니얼 J. 시겔 &
티나 제인 브라이슨

아이 마음을 알고 싶다면, 뇌를 알아야 한다

부모를 대상으로 뇌발달 강의를 해보면, 자녀를 잘 키운다고 자부하는 고학력의 부모라도 자녀의 뇌에 대해서 놓치고 있는 경우가 많다. 부모의 주관심사라 할 수 있는 훈육, 판단력, 자존감, 문제해결력, 창의성, 사회성, 학습, 동기부여 등 거의 모든 과제에서 뇌가 핵심적인 역할을 수행한다는 사실을 감안한다면, 꽤 놀라운 일이다. 뇌는 아이가 자신의 정체성을 인식하고, 행동을 결정하며, 자기주도적으로 인생을 살아가는 데 큰 영향력을 발휘한다. 결국 '아이'에 대해 알고 싶다면 '뇌'를 알아야 한다.

특히 부모가 제공하는 다양한 경험은 자녀의 뇌를 만들고 변화시킨다. 뿐만 아니라 자녀를 강인하고 회복탄력성이 강한 사람으로 길러낸다. 이런 뇌기반 양육에 대한 관심과 흐름은 비단 한 나라에 국한되지 않는다. 미국을 비롯하여 아시아, 유럽의 여러 나라에서 뇌기반 양육에 관심을 두고 실천하고 있다.

특히 대니얼 J. 시겔은 이러한 뇌기반 양육에 선봉장 역할을 하고 있는 저명한 학자다. 아이가 혼자 걷기 위해서는 통상 천 번 이상 넘어지는 경험을 해야 한다. 우리나라 부모는 자녀가 시행착오나 실패 없이 발달의 과제를 수행하기 원하지만, 넘어지는 경험이 없는 아이가 혼자 걸을 수 없다는 것이 뇌과학자들의 견해다.

그런 의미에서 뇌발달의 관건은 경험이다. 아이는 시행착오를 하면서 생각을 하게 되고, 그 과정에서 문제해결력을 키우고 역경지수 역시 상승하게 된다. 하지만 우리나라 부모는 자녀의 발전에 도움이 될 만한 경험을 제공하기보다는 자녀와 씨름을 하면서 하루를 인내하느라 시간을 소모하기 일쑤다.

이 책의 저자들은 부모가 그저 하루하루 인내하려고 노력하는 그 순간이 사실은 자녀의 성공을 도와줄 기회라는 점을 강조한다. 자녀가 버릇없게 굴면서 말대꾸할 때, 식당에서 자녀가 바닥에 누워 떼를 쓸 때 등 이런 순간을 무작정 참으려고만 하지 말고 오히려 자녀의 양육을 성공으로 이끄는 기회로 삼으라는 것이다. 상황을 잘 활용한다면, 아이의 두뇌뿐만 아니라 인간관계의 기술을 익히고 인격이 성숙하는 경험으로 이끌 수 있다. 이러한 경험이 반복되면 아이는 시간이 지남에 따라 부모의 지도 없이 갈등을 다루는 데 점차 능숙해진다. 뿐만 아니라 뇌발달도 급속하게 이루어질 것이다.

이 책은 아이를 성공적으로 양육하기 위한 일환으로 전뇌통합이라는 방법론을 소개한다. 전 세계적으로 좌뇌뿐만 아니라 우뇌도 발달시켜야 한다는, 곧 전뇌발달이 양육과정에서 매우 중요하다는 논의는 지속적으로 이루어져 왔다. 그런데 대니얼 J. 시겔과 공저자인 티나 페인 브라이슨은 좌뇌와 우뇌의 통합뿐만 아니라, 대뇌피질인 상위 뇌와 변연계, 뇌간으로 구성된 하위 뇌의 통합까지도 꾀한다. 또한 전뇌적 통합으로 문제행동을 개선시키고 뇌발달까지 이를 수 있도록 돕는다.

뇌의 각 부위를 조정하고 그 사이의 균형을 잡아 하나로 묶어주는 일, 이것이 바로 부모의 역할이다. 아이의 뇌가 통합되지 않은 상태라면 아이는 감정에 압도되어 필요한 상황에 차분하게 반응할 수 없다. 짜증, 감정 폭발, 공격성 등 부모들이 문제행동이라고 생각하는 대부분의 어려움은 뇌가 제대로 통합되지 않았을 때 발생한다.

이 책은 아이가 논리적 자아와 정서적 자아를 연결할 수 있도록 좌뇌와 우뇌를 함께 쓰게끔 도와주는 데 필수적인 지침을 제공한다. 아이가 좌뇌에 지나치게 의존하는 경우에는 자기감정을 부정하고, 자신만의 프레임으로 상황을 판단해 전체적인 그림을 못 볼 수 있다.

감정이 폭발하는 순간에는 무언가를 배우기 좋은 상황이 아니다.

시간이 조금 지나 좌뇌가 다시 정상 컨디션을 찾으면, 아이가 훨씬 수용적인 상태가 되므로 훈육이 효과적일 수 있다. 현실적이고 합리적인 좌뇌적 태도와 감정적으로 교감하는 우뇌적 태도를 모두 취하려면, 좌뇌와 우뇌가 효과적으로 통합되어야 한다. 이것이 바로 전뇌적 양육이다.

저자들은 본능에 가까운 하위 뇌와 더욱 깊은 사고를 담당하는 상위 뇌의 연결도 중요하다고 주장한다. 상위 뇌란 의사 결정, 개인적 통찰, 공감, 도덕성 등을 담당하는 대뇌피질을 말한다. 하위 뇌에는 편도체가 있는데 감정을 재빨리 처리하고 표현하는 역할을 하며, 특히 분노와 공포를 다룬다. 편도체는 항상 위험 상황에 대비하고 있으며, 위험을 느끼면 상위 뇌를 완전히 지배한다. 생각하기 전에 행동이 불쑥 튀어나오는 것은 바로 이 때문이다.

편도체가 상위 뇌를 지배할 때 아이는 감정에 휘둘리게 된다. 따라서 부모는 평소에 아이의 상위 뇌가 편도체를 조절하도록 훈련시켜야 한다. 심호흡을 하거나 숫자를 열까지 세라고 가르쳐주는 것도 하나의 방법이다. 특히 상위 뇌는 근육과 같다. 쓰면 쓸수록 발달하고 강해지며 임무를 더 잘 수행한다. 쓰지 않고 놔두면 발달하지 못하고 힘과 능력이 떨어진다.

그 외에도 이 책은 아이들이 과거의 고통스러운 순간들에 대처하도록 도와주기, 자신의 마음 상태를 깊이 생각하기, 자신의 고유한 정체성을 지키면서도 타인과 관계하기 등 전뇌적 양육의 구체적인 지침들을 연령별, 상황별로 알려주고 있다. 특히 일상적인 순간을 이용해서 아이들이 진정한 잠재력을 발휘하도록 도와주는 혜안을 갖게 한다.

아이가 좀 더 자기답고 편안하게 살며, 강인함과 회복탄력성을 갖추도록 돕는 데 이 '전뇌적 양육'이 결정적 역할을 해줄 것이다. 이 책을 통해 '아이의 뇌'가 어떤 말을 하고 싶은지 알고 아이 뇌의 각 부위가 서로 협력할 수 있게 돕는다면, 앞으로 육아를 하며 겪을 시행착오를 현저히 줄일 수 있을 것이다.

김영훈
(가톨릭대학교 의정부성모병원 소아청소년과 교수)

1장

몸은 알지만 뇌는 알지 못하는 부모들

아이 마음을 읽는 전뇌적 관점

대개 부모들은 자녀의 몸에 대해서는 전문가이다. 체온이 37도만 넘어가도 아이가 열이 있음을 알며, 아이의 상처가 감염되지 않도록 소독할 줄도 안다. 아이가 잠들기 전, 아이의 신경을 곤두서게 하는 음식이 무엇인지도 안다.

하지만 교육을 잘 받은 최고로 다정한 부모라도 아이의 뇌에 대해서는 기본적인 지식조차 없을 때가 종종 있다. 놀랍지 않은가? 자녀의 삶에서 훈련, 의사 결정, 자기 인식, 학교생활, 인간관계 등 부모들의 관심사인 거의 모든 측면에서 뇌가 핵심 역할을 수행하는데 말이다.

뇌는 아이의 정체성과 행동을 결정하는 데 매우 큰 비중을 차지한다. 특히 뇌는 부모가 자녀에게 제공하는 경험에 따라 형성되는데, 양육 과정에서 뇌가 어떻게 변화하는지 안다면 자녀를 더욱 강인하고 회복력 강한 아이로 길러낼 수 있다.

이 과정의 핵심을 '전뇌적' 관점에서 소개하고자 한다. 이 관점에서 아이를 바라보면, 육아가 훨씬 쉽고 의미 있는 활동이 될 수 있다. 전뇌 아동, 즉 뇌 전체를 사용하는 아이로 기른다고 해서 양육 과정에서 모든 불만과 좌절이 사라지는 것은 아니다. 그렇지만 뇌의 작용 방식 중 간단한 몇 가지를 아는 것만으로 자녀를 훨씬 더 깊이 이해하고, 힘든 상황에 효과적으로 대처하며, 아이들에게 사회적·정서적·정신적 건강의 기초를 마련해줄 수 있다.

부모로서 여러분의 행동은 중요하다. 우리는 과학적 근거가 있고, 복잡하지 않은 견해를 제시할 것이다. 이런 견해들은 자녀와 끈끈한 관계를 형성하는 데 도움을 줄 것이다. 이로써 자녀는 훌륭한 뇌의 형성은 물론이고, 건강하고 행복한 삶을 위한 최고의 기반을 마련할 수 있을 것이다.

자, 이러한 지식이 부모들에게 얼마나 유용한지 보여주는 이야기를 하나 살펴보자.

모든 난관은 아이가 겪을 경험 중 하나일 뿐

어느 날, 직장에 있던 마리아나는 전화를 한 통 받았다. 베이비시터와 함께 있던 두 살배기 아들 마르코가 차 사고를 당했다는 것이었다. 마르코는 무사했지만 운전석에 있던 베이비시터는 구급차에 실려 병원으로 옮겨졌다고 했다.

초등학교 교장인 마리아나는 다급히 사고 현장으로 달려갔다. 그곳에서 그녀는 베이비시터가 운전 도중에 간질 발작을 일으켰다는 말을 들었다. 마리아나는 어설프게나마 마르코를 달래려고 애쓰고 있는 구급 대원을 발견하고서 아이를 받아 품에 안았다. 엄마가 안심시켜주자 마르코는 금세 흥분을 가라앉혔다.

마르코는 울음을 그치기가 무섭게 무슨 일이 일어났었는지 엄마에게 말하기 시작했다. 엄마, 아빠와 베이비시터만 알아들을 법한 두 살짜리의 언어로 마르코는 "이아 우 우"라는 말을 되풀이했다. '이아'는 마르코가 잘 따르던 베이비시터의 이름인 '소피아'였고, '우우'는 소방차에서 울리는 구급차 사이렌 소리를 자기 식대로 표현한 말이었다. 마르코는 엄마에게 연신 "이아 우 우"라고 말함으로써 자기에게 가장 중요했던 상황, 즉 베이비시터인 소피아가 자기에게서 떨어져 어딘가로 옮겨진 상황에 계속 주의를 집중하고 있었다.

이런 경우 보통의 부모들은 아이에게 베이비시터가 무사함을 확실히 알려준 뒤 아이의 머릿속에서 그 상황을 얼른 떨쳐내기 위해 곧바로 다른 대상으로 주의를 돌리려 할 것이다. "자, 이제 아이스크림 먹으러 가자!"라는 식으로 말이다. 그 이후에도 아이가 동요할까 봐 가급적이면 사고에 대해 이야기를 나누지 않을 것이다. '아이스크림 먹으러 가자' 접근법의 문제는, 무슨 일이 왜 일어났는지 혼란스러운 채로 아이를 방치한다는 점이다. 아이는 여전히 두려움이라는 격한 감정에 사로잡혀 있는데 그 감정을 제대로 처리하지 못한 상태로 방치되는 것이다.

마리아나는 그런 실수를 저지르지 않았다. 그녀는 이 책의 저자인 티나에게 양육과 뇌에 대한 강좌를 들은 적이 있었던 터라 자신의 지식을 훌륭하게 활용했다. 마리아나는 사고 당일 밤부터 그다음 주까지도 자꾸만 그 사고에 마음을 빼앗기는 마르코에게 그날 있었던 일을 하고 싶은 만큼 이야기하게 했다.

마리아나가 "그래, 너랑 소피아 누나가 사고를 당했어, 그렇지?"라고 말하면, 마르코는 팔을 쭉 펴고 떨면서 소피아가 발작을 일으키던 모습을 흉내 냈다. 그러면 마리아나는 "그래, 소피아 누나가 발작을 일으켜서 떨기 시작했고, 차가 쾅 부딪혔어, 그렇지?"라고 말했다. 이어 마르코가 "이아 우 우"라는 말을 하면, 마리아나는 이렇게 대답했다.

"맞아. '우 우'가 와서 소피아 누나를 의사 선생님에게 데려갔어. 이제 소피아 누나는 괜찮아. 우리 어제 소피아 누나 만나러 갔었잖아. 소피아 누난 이제 괜찮겠지?"

마리아나는 그 사건을 반복해서 말하게 함으로써, 마르코가 자신에게 무슨 일이 일어났었는지 이해하고 그 일에 대한 감정을 처리하도록 도와준 셈이다. 아들의 뇌가 그 끔찍한 경험을 처리하도록 돕는 일이 중요하다는 것을 그녀는 알고 있었다.

마르코가 그 사건을 반복해서 이야기함으로써 두려운 감정을 처리하는 한편, 건강하고 침착하게 일상으로 돌아올 수 있도록 도와준 것이다. 사건 이후 며칠에 걸쳐 마르코는 그 사건을 점차 덜 떠올리게 되었다. 결국 그 일은 마르코에게 중요하기는 하지만 살아가면서 겪은 여러 경험 중 하나에 불과해졌다.

• • •

이제 여러분은 마리아나가 왜 그렇게 행동했는지, 현실적인 면과 신경학적인 면에서 마리아나의 결정이 왜 마르코에게 그토록 도움이 되었는지 구체적으로 알게 될 것이다. 또한 뇌에 대한 새로운 지식을 다양하게 적용할 수도 있게 될 것이다. 그 결과 여러분 자신의 자녀를 양육하는 과정이 더욱 편해지고 그 의미도 깊어질 것이다.

마리아나의 대응에서 핵심이 되는 개념은 '통합'이다. 통합은 이 책의 핵심이기도 하다. 통합을 확실히 이해하면 여러분은 자녀 양육을 완전히 다르게 생각할 수 있는 힘을 얻게 된다. 그리하여 아이를 더욱 사랑할 수 있고 아이가 정서적으로 풍부하고 보람 있는 삶을 준비하도록 해줄 수 있다.

육아 성공의 열쇠는 뇌를 통합하는 데 있다

뇌가 각각 다른 역할을 하는 여러 부위로 이루어져 있다는 사실을 알고 있는가?

우리에게는 논리적으로 생각하고 그 생각을 문장으로 만들게 해주는 좌뇌가 있고, 감정을 경험하고 비언어적 단서를 읽어내게 해주는 우뇌가 있다. 또한 본능적으로 행동하게 하고 생존과 관계된 결정을 순간적으로 내리게 하는 '파충류 뇌'가 있고, 인간관계와 교제로 이끄는 '포유류 뇌'도 있다.

뇌의 어떤 부위에서는 전적으로 기억을 다루고, 또 어떤 부위에서는 도덕적이고 윤리적인 결정을 내린다. 뇌 속에 다중 인격이 들어 있는 것 같기도 하다. 우리는 이성적이기도 하고 비이성적이기도 하며, 오랫동안 숙고하거나 민감하게 반응하기도 한다. 이렇게 보면 우리가 때에 따라 전혀 다른 사람처럼 행동하는 것도 놀랄 일이 아니다.

성공의 열쇠는 이러한 뇌의 다양한 부위가 협력하도록, 즉 통합되도록 하는 데 있다. 통합은 뚜렷이 구별되는 뇌의 부위들이 협력하여 하나의 전체로서 기능을 발휘하도록 해주는 과정이다. 이 과정은 숨을 쉬는 폐, 혈액을 뿜어내는 심장, 음식을 소화하는 위장 등 역할이 서로 다른 여러 신체 부위로 구성된 몸에서 일어나는 일과 같다.

몸이 건강하려면 모든 장기들이 서로 통합되어야 한다. 다시 말해 장기들이 각각 제 기능을 하면서도 하나의 전체로서 협력해야 한다는 것이다. 요컨대 통합이란 서로 다른 요소를 연결해서 제대로 기능을 발휘하는 하나의 전체를 만드는 일이다. 몸이 제 기능을 발휘할 때처럼, 뇌도 다양한 여러 부위가 조정되고 균형 있게 협력해야만 최고의 성과를 어루어낼 수 있다.

뇌의 각 부위를 조정하고 그 사이의 균형을 잡아 하나로 묶어주는 일, 이것이 바로 통합의 역할이다. 자녀의 뇌가 통합되지 않은 상태라면 아이는 감정에 압도되고 혼란스러워하기 쉽다. 이런 경우 아이는 당면한 상황에 차분하게 반응할 수가 없다. 짜증, 감정 폭발, 공격성 표출을 비롯하여 부모들이 양육 과정과 삶에서 직면하는 대부분의 난관은 비非통합dis-integration이라고도 하는 통합의 부재 상태에서 나온다.

우리는 아이들이 통합을 잘 이루어서 뇌를 전체적으로 조화롭게 사용하도록 도와주고 싶다. 예를 들어, 아이의 뇌에서 논리를 담당하는 좌뇌와 감정을 담당하는 우뇌가 수평적으로 통합되어 조화롭게 작용하기를 바라는 것이다. 행동을 심사숙고하게 하며 물리적으로 위에 자리한 뇌의 상부 영역, 그리고 본능적 반응 및 생존과 연관된 뇌의 하부 영역이 수직적으로도 통합되기를 바란다.

사람들은 대개 모르지만, 실제로 통합이 일어나는 방식은 매우 흥미롭다. 최근 몇 년간 과학자들은 뇌를 촬영하는 기술을 개발해냈다. 이 새로운 기술을 통해 연구자들은 과거에 불가능했던 방식으로 뇌를 연구할 수 있게 되었고, 뇌에 대한 기존의 수많은 믿음이 사실임을 입증할 수 있었다. 하지만 신경과학을 뿌리째 흔들어놓은 놀라운 발견은, 뇌의 형태가 변할 수 있다는 점이다. 이는 기존의 가정대로 뇌가 어린 시절에만 변하는 것이 아니라 일생에 걸쳐 물리적인 변화를 겪는다는 의미다.

경험이 뇌의 구조를 바꿔놓는다

그렇다면 뇌를 형성하는 것은 무엇인가? 바로 '경험'이다. 심지어 노년에 접어들 때까지도 경험은 실제로 뇌의 물리적 구조를 바꿔놓는다. 이런 일이 일어날 때는 뉴런이라고 불리는 뇌세포가 활성화된다. 이를 다른 말로는 '발화'라고 한다. 뇌를 구성하는 1000억 개의 뉴런은 저마다 다른 뉴런과 평균 1만 개의 연결을 형성한다. 뇌에서 특정 회로가 활성화되는 방식은 우리의 정신적 활동이 어떤 특성을 가질지 결정한다. 정신적 활동에는 소리나 시야를 인식하는 것부터 추상적인 사고와 추론까지 포함된다.

함께 발화하는 뉴런들은 그 사이사이에 새로운 연결을 형성한다.

뉴런이 발화할 때 생겨난 연결은 시간이 지남에 따라 점차 뇌를 재조정한다. 이는 믿기 어려울 만큼 굉장한 소식이다. 지금 이 순간 뇌가 작용하는 방식대로 꼼짝없이 우리의 여생이 결정되지 않는다는 말이다. 실제로 우리는 뇌를 재조정하여 더욱 건강하고 행복해질 수 있다. 이 사실은 어린아이와 청소년에게만 해당하는 것이 아니라 일생을 절반쯤 보낸 어른들에게도 해당하는 이야기다.

바로 지금도 자녀의 뇌는 끊임없이 조정, 재조정되고 있다. 부모가 제공하는 경험들은 아이의 뇌 구조를 결정하는 데 많은 영향을 미친다. 그렇다고 부담스러워하거나 걱정하지는 말기 바란다. 뇌의 기본 구조는 음식, 수면, 자극만 적절히 제공받으면 알아서 잘 발달하도록 되어 있으니 말이다. 물론 사람의 성격이나 특질을 결정하는 데는 유전자가 중요한 역할을 한다. 특히 기질적인 면에서는 더욱 그러하다.

하지만 발달심리학의 다양한 영역에서 발견된 바에 따르면, 우리에게 일어나는 모든 일이 두뇌 발달에 깊은 영향을 끼친다고 한다. 우리가 어떤 음악을 듣고, 어떤 책을 읽고, 어떤 훈육을 받고, 어떤 사람들을 사랑하고, 어떤 감정을 느끼는지가 뇌 발달에 영향을 준다는 것이다. 다시 말해서 기본적인 뇌 구조와 선천적 기질이 존재하기는 하지만, 회복력 강하고 통합된 뇌를 계발하는 데 부모가 도움을 줄 수 있는 영역이 크다는 뜻이다. 이 책을 통해 여러분은 자녀의 뇌가 통합되도록 도와주기 위해 일상의 경험을 활용하는 법을 알게 될 것이다.

예를 들어, 자기의 경험에 대해 자녀와 대화하는 부모를 둔 아이들은 그 경험을 더욱 쉽게 기억해내는 경우가 많다. 자기의 감정을 이야기해주는 부모의 아이들은 정서적 지능을 계발하고 자신과 타인의 감정을 깊이 이해할 수 있다. 아이가 수줍은 기질을 타고났더라도, 부모가 아이에게 세상을 탐색하도록 지원하면서 용기를 길러주면 수줍게 행동하는 성향이 사라지는 경우가 많다. 반면 든든한 지원 없이 불안을 유발하는 상황에 빠지거나 과도하게 보호받는 아이들은 수줍은 기질이 그대로 굳어지는 경우가 많다.

이런 관점을 뒷받침하는 아동 발달과 애착에 대한 과학 분야가 따로 존재한다. 또한 뇌 가소성neuroplasticity 분야의 새로운 발견에 따르면, 부모가 제공하는 경험에 따라 자녀의 뇌가 성숙하는 양상이 직접적으로 달라진다고 한다. 예를 들어, 아이가 게임 화면이나 텔레비전을 보고 문자메시지를 보내는 등 오랫동안 화면을 보면서 시간을 보내면 뇌가 특정한 방식으로 조정될 것이다. 교육적 활동이나 운동, 음악을 즐긴다면 이와 다른 방식으로 뇌가 조정될 것이다. 가족이나 친구와 시간을 보내면서 인간관계를 배우고 특히 직접 얼굴을 맞대는 상호작용을 자주 겪는 경우에는 또 다른 방식으로 뇌가 조정될 것이다. 이처럼 우리가 겪는 모든 일은 뇌 발달 방식에 영향을 끼친다.

통합은 이러한 조정-재조정 과정이다. 즉, 아이에게 다양한 경험을 하게 해주어 서로 다른 뇌 부위 사이에 연결을 형성해주는 것이다. 이렇게 뇌의 여러 부위가 연결되어 함께 작용하면 각 부위를 연결하는 통합 신경섬유가 형성되고 강해진다. 그 결과 뇌의 각 부위들은 더 강력하게 연결되고 훨씬 조화롭게 협력할 수 있다. 마치 합창단의 단원들이 저마다 목소리를 냄으로써 혼자서는 결코 만들 수 없는 화음을 만들어내듯, 뇌도 통합이라는 과정을 통해 각각의 뇌 부위가 성취해내는 것보다 훨씬 많은 일을 할 수 있다.

우리가 자녀에게 바라는 일이 그런 것이다. 우리는 아이들이 뇌를 잘 통합해서 정신적 자원을 최대한 끌어내 쓸 수 있기를 바란다. 마리아나가 마르코에게 해준 일도 바로 그것이다. 마리아나는 마르코로 하여금 차 사고에 대해 계속 이야기하게 함으로써 우뇌에서 충격과 두려움을 덜어내도록 했고, 아이가 부정적 감정에 휩싸이지 않게끔 해주었다. 마리아나는 막 발달하기 시작한 두 살짜리 아이의 좌뇌에서 사건의 사실적 세부 사항을 생각하고 분석하도록 했다. 마르코는 자기가 이해할 수 있는 방식으로 차 사고를 다루게 되었다.

엄마가 그 사고에 대해 계속 이야기하고 이해하도록 도와주지 않았다면, 마르코의 두려움은 해소되지 않고 남아서 다른 방향으로 표출되었을지도 모른다. 차를 타거나 부모와 떨어지는 일에 공포증이 생기거나 우뇌가 걷잡을 수 없이 흥분하는 바람에 자주 짜증을 내게 되었을 수도 있었다. 하지만 마리아나는 마르코와 함께 차 사고 이야기를 나눔으로써 아이가 사건의 실제적 요소와 자신의 감정 양쪽 모두에 주의를 기울이게 했고, 그 덕분에 마르코는 왼쪽 뇌와 오른쪽 뇌를 함께 사용할 수 있었다. 말 그대로 둘 사이의 연결을 더욱 단단하게 만들어준 것이다. 마르코는 뇌를 잘 통합하도록 도움을 받은 덕에 자기가 겪은 괴로움과 두려움에 깊이 빠지는 대신 두 살짜리의 정상적인 발달 상태로 돌아올 수 있었다.

이번에는 다른 사례를 살펴보자. 여러분과 여러분의 형제자매는 이제 어른인데, 혹시 아직도 엘리베이터 버튼을 서로 누르겠다고 싸우는가? 그러지는 않을 것이다. 그렇다면 여러분의 자녀들은 어떤가? 보통의 아이들이라면 아마도 엘리베이터 버튼을 두고 서로 아옹다옹할 것이다.

다시 뇌와 통합의 문제로 돌아가 여러분과 여러분의 자녀들에게 왜 이러한 차이가 존재하는지 알아보기로 하자. 아이가 짜증을 내고 말을 안 들을 때, 한바탕 숙제 전쟁을 치를 때, 아이를 엄격하게 훈육해야 할 때를 비롯해 형제자매 간에 경쟁할 때 역시 양육이 힘들어진다.

다음 장들에서 설명하겠지만 양육 과정에서 흔히 마주치는 이러한 난관은 여러분 자녀의 뇌가 통합되어 있지 않은 결과다. 아이의 뇌가 항상 통합되지 못하는 이유는 간단하다. 그만큼 발달할 시간이 없어서다. 아이의 뇌는 갈 길이 멀다. 한 사람의 뇌는 20대 중반에 이르러서야 충분히 발달했다고 볼 수 있기 때문이다.

따라서 안타까운 소식은 아이의 뇌가 발달하기를 기다려야 한다는 것이다. 유치원에 다니는 자녀가 아무리 똑똑해 보여도 그 아이의 뇌가 열 살짜리의 뇌와 같을 수는 없다. 향후 몇 년 동안에도 마찬가지다. 뇌의 성숙 속도가 물려받은 유전자에 크게 좌우되기 때문이다. 그럼에도 '뇌가 통합되는 정도'는 하루하루의 양육 과정에 영향을 받아 달라질 수 있다.

반가운 소식은 일상적인 순간들을 활용하여 아이의 뇌가 통합되고 성숙하도록 만들 수 있다는 사실이다. 첫째, 자녀의 뇌가 훈련받을 기회를 마련해서 뇌의 다양한 영역을 계발해줄 수 있다. 둘째, 자녀의 뇌가 통합되도록 촉진하여 각각의 부위가 연결되고 긴밀히 협력하게끔 해줄 수 있다.

이렇게 한다고 해서 아이의 뇌를 더 빨리 자라게 하지는 못한다. 단지 뇌의 여러 부위가 발달하고 통합되도록 도와줄 뿐이다. 여러분과 아이가 피곤할 정도로 경험 하나하나에 중요성과 의미를 부여하며 미친 듯이 애쓰라는 의미가 아니다. 여러분은 아이가 통합 과정을 잘 해내도록 도와주기 위해 그저 아이와 함께 있어 주면 된다.

그 결과 아이들은 정서적·지적·사회적으로 성공적인 삶을 누리게 될 것이다. 뇌가 잘 통합되면 의사 결정을 더 잘하게 되고, 신체와 감정을 더 잘 통제하며, 자신을 더욱 깊이 이해하고 인간관계도 깊어지며, 학교생활도 우수하게 해낼 수 있다. 이 모든 것이 부모나 양육자가 제공하는 경험에서 시작된다. 그 경험이 아이에게 통합과 정신건강의 기초를 마련해주기 때문이다.

혼란과 긴장에서 벗어나 행복의 강을 흘러가려면

어른이든 아이든 뇌가 잘 통합된 상태로 살아가는 모습은 어떠할까? 뇌가 통합된 상태에서는 정신적인 건강과 행복을 누리며 살 수 있다. 하지만 그 상태를 정의하기란 결코 쉽지 않다. 사실 정신 질환에 대해 논의한 책은 수없이 나왔지만 정신 건강을 규정하는 경우는 거의 없다. 저자인 대니얼은 선구적으로 정신 건강이 무엇인지 정의했고, 세계의 연구자들과 치료사들이 그 내용을 활용하기 시작했다. 뇌와 인간관계를 둘러싼 복잡한 역학 관계를 이해하는 데서 비롯된 대니얼의 정의를 단순하게 표현하자면 정신 건강이란 '행복의 강' 위를 계속해서 떠가는 능력이라고 할 수 있다.

어느 시골 마을에 잔잔하게 흐르고 있는 강을 상상해보라. 이것이 우리의 '행복의 강'이다. 작은 배를 타고서 평화롭게 강물 위를 떠갈 때면 우리는 주변의 세상과 좋은 관계를 맺고 있다고 느끼며, 자기 자신과 타인을 분명히 이해한다. 또한 상황이 변하면 유연하게 적응할 수도 있다. 이때 우리는 평화롭고 차분한 상태다.

하지만 강을 따라 흘러가던 배가 이따금 방향을 바꾸어 양쪽 강둑에 너무 바짝 다가갈 때가 있다. 이때 어느 쪽 강둑으로 다가가느냐에 따라 다른 문제가 일어난다. 한쪽 강둑은 우리에게 통제력이 없다고 느끼는 혼란 상태를 나타낸다. 고요하고 잔잔한 강물을 떠가는 대신 격렬한 급류에 휘말리면 그날 하루는 온통 혼란과 소동에 휩싸인다. 혼란의 강둑에서 멀어져 잔잔한 흐름으로 돌아와야 한다.

그렇다고 너무 멀리 가서는 안 된다. 다른 쪽 강둑도 마찬가지로 위험이 있기 때문이다. 혼란의 반대쪽은 긴장의 강둑이다. 통제할 수 없는 상태와는 반대로, 긴장 상태는 주변의 모든 사람과 환경을 통제하려 드는 경우다. 이럴 때 우리는 조정하고 타협하거나 협상할 생각이 전혀 없다. 긴장의 강둑 근처에서는 고인 물 냄새가 퀴퀴하며, 작은 배가 '행복의 강'의 흐름을 타지 못하도록 막는 갈대와 나뭇가지가 있다.

한쪽 끝은 통제 불능의 혼란 상태이고, 반대쪽 끝은 주변을 지나치게 통제하는 융통성과 유연성 부족의 긴장 상태이다. 누구나 하루하루를 살아가면서 이 두 개의 강둑 사이를 오간다. 특히 우리가 양육을 '인내하려' 할 때 더욱 그러하다. 혼란의 강둑이나 긴장의 강둑에 가장 가까이 있을 때 정신적 건강과 정서적 건강에서 가장 멀리 떨어진 셈이다.

양쪽 강둑에서 멀리 떨어져 있을수록 행복의 강에서 즐거운 시간을 보낼 수 있다. 우리는 행복의 흐름 속에 있기도 하지만 가끔 혼란스럽거나 긴장된 상태에 있기도 하고, 혼란과 긴장 사이를 지그재그로 오가기도 한다.

이 모든 이야기는 아이들에게도 똑같이 적용된다. 아이들은 각자 자기의 작은 배를 타고서 자기만의 행복의 강을 흘러간다. 우리가 부모로서 맞닥뜨리는 난관 대부분은 아이들이 행복의 흐름을 타지 않고 혼란의 강둑이나 긴장의 강둑에 너무 가까이 갔기에 일어나는 것이다.

세 살짜리 아이가 공원에서 만난 아이에게 장난감 배를 가지고 놀자고 하는가? 그렇다면 아이는 긴장의 강둑에 가까이 있다. 새 친구가 장난감 배를 가져갔을 때 울음을 터뜨리거나 소리를 지르거나 모래를 던지는가? 그렇다면 혼란의 강둑에 가까이 있다. 여러분이 할 수 있는 일은 아이를 다시 잔잔한 강물의 흐름으로 인도해주는 것이다. 혼란과 긴장을 피할 수 있는 조화로운 상태로 말이다. 조화는 통합에서 나오며, 혼란과 긴장은 통합이 방해받을 때 생겨난다.

이보다 나이가 많은 아이들도 마찬가지다. 평소 온순하던 성격의 5학년짜리 아이가 학예회에서 하고 싶었던 솔로를 맡지 못했다면서 신경질적으로 울고 있다고 가정해보자. 아이는 진정하려 하지 않고 5학년 중에서 자기 목소리가 가장 좋다고 여러분에게 자꾸만 이야기한다. 이 아이는 혼란의 강둑과 긴장의 강둑 사이를 지그재그로 오가고 있다. 다른 아이에게도 재능이 있을지 모른다는 사실을 고집스럽게도 인정하려 들지 않는다. 이런 아이도 행복의 강으로 인도할 수 있다. 결국 아이는 마음의 평정을 찾게 되고 통합된 상태로 나아가게 된다.

사실상 '인내해야' 하는 모든 순간은 어떤 식으로든 이 틀에 들어맞는다. 혼란과 긴장에 대한 내용이 아이의 난감한 행동을 이해하는 데 얼마나 도움이 되는지 알면 깜짝 놀랄지 모른다. 특히 이 개념은 자녀가 얼마나 잘 통합된 상태인지 언제든지 알아볼 수 있게 해준다. 혼란이나 긴장의 기미가 보이면 아이가 통합 상태에 있지 않다는 의미다. 아이가 통합된 상태라면 정신적으로나 정서적으로나 건강한 사람에게서 드러나는 특질을 나타낼 것이다. 유연하고 적응 잘하며 안정된 상태에서 자신과 주변의 세상을 이해하는 모습 말이다.

우리는 강력하고 실용적인 '통합' 접근법을 통해, 부모와 자녀들이 통합을 방해받음으로써 혼란과 긴장을 경험하는 여러 가지 양상을 알 수 있다. 이를 통해 부모와 자녀의 삶에서 통합을 촉진하는 전략을 세우고 실행할 수 있다. 이것이 다음 장부터 살펴보게 될 일상에서 뇌 전부를 사용해 뇌의 잠재력을 깨우는 전략이다.

2장

아이들이 현재에 충실한 이유

좌뇌는 말에 주목하고,
우뇌는 맥락에 주목한다

토머스의 네 살 난 딸 케이티는 유치원을 아주 좋아했고, 아빠와 떨어져 유치원에 가는 것도 전혀 힘들어하지 않았다. 수업 중에 토하기 전까지는 말이다. 토머스는 케이티의 선생님에게서 전화를 받고 당장 달려갔다. 이튿날 케이티는 기분이 괜찮아졌지만 유치원 갈 준비를 할 때가 되자 갑자기 울음을 터뜨렸다. 며칠간 날마다 똑같은 일이 벌어졌다. 어찌어찌 준비는 마치더라도 유치원에 도착할 즈음이면 상태는 더욱 나빠졌다.

토머스의 말로는 유치원 주차장에 차를 대고 내리려고만 하면 케이티가 더 기겁을 한다는 것이었다. 유치원 건물로 가는 일은 먼저 케이티가 일종의 저항을 하는 것으로 시작됐다. 케이티는 아빠와 나란히 걸어가기는 했지만 그 자그마한 몸을 그랜드피아노처럼 무겁게 만드는 바람에 질질 끌려가다시피 했다. 교실에 도착하면 아빠의 손을 꽉 쥐고 마치 버티기를 하듯 온 힘을 다해 아빠의 다리에 체중을 실었다. 마침내 토머스가 매달리는 딸을 떼어놓고 교실을 나서면 떠드는 아이들 소리를 모두 뚫고 케이티의 외침이 들려왔다.

"날 놔두고 가면 죽어버릴 거야!"

이런 유형의 분리 불안은 어린 아이들에게 지극히 정상적인 일이다. 때론 유치원이나 학교가 무서운 장소일 수도 있기 때문이다. 하지만 토머스는 이렇게 설명했다.

"그때 아프기 전까지 케이티는 유치원 다니는 재미로 살았어요. 유치원에서 하는 활동, 거기서 있었던 일들, 친구들을 엄청 좋아했죠. 선생님도 아주 좋아했고요."

무슨 일이 일어났던 걸까? 몸이 안 좋았다는 단순한 경험이 케이티에게 어떻게 그토록 비합리적이고 심한 두려움을 불러일으켰을까? 토머스가 이 일에 대처하는 최선의 방법은 무엇일까? 토머스가 직면한 목표는 케이티가 다시 선뜻 유치원에 가게 만들 전략을 짜내는 것이었다. 이것은 토머스의 '인내하기' 목표였다. 한편으로 토머스는 이 힘든 경험을 케이티에게 단기적은 물론 장기적으로도 도움을 줄 계기로 활용하기를 바라기도 했다. 이것은 '성공하기' 목표였다.

토머스가 이 상황을 어떻게 처리했는지, 즉 뇌에 대한 기본 지식을 활용해서 '인내해야' 하는 순간을 딸이 '성공하는' 기회로 바꾸었는지는 나중에 다시 살펴보도록 하자. 토머스는 우리가 지금 여러분에게 이야기하려는 사실을 이해하고 있었다. 그것은 바로 뇌의 좌우 반구가 어떻게 작용하는지에 대한 간단한 원칙들이다.

• • •

여러분은 뇌가 두 개의 반구로 나누어져 있다는 사실을 알 것이다. 두 개의 반구는 해부학적으로만 분리되어 있는 것이 아니라 기능도 매우 다르다. 어떤 이들은 두 개의 반구에 '자기 나름의' 뚜렷하게 구분되는 성격이 있다고도 한다. 과학계에서는 서로 다른 두 개의 반구가 우리에게 영향을 끼치는 방식을 '좌뇌-우뇌 양상'이라고 부른다. 하지만 간단히 설명하기 위해 이 말을 일반적인 의미로 국한하여 좌뇌와 우뇌에 대해 이야기해보도록 하겠다.

좌뇌는 질서를 사랑하고 추구한다. 논리적이고logical 정확하며literal 언어와 관련이 깊고linguistic 선형적linear(대상을 순서대로, 질서에 맞추어놓는 것)이다. 좌뇌는 'L'로 시작하는 위의 네 가지를 모두 좋아한다. (목록list도 좋아하니 말이다.)

이와 반대로 우뇌는 통합적이고 비언어적이며 표정이나 시선, 억양, 자세, 몸짓과 같은 신호를 주고받아 의사소통을 가능케 한다. 우

| 좌뇌 VS 우뇌 |

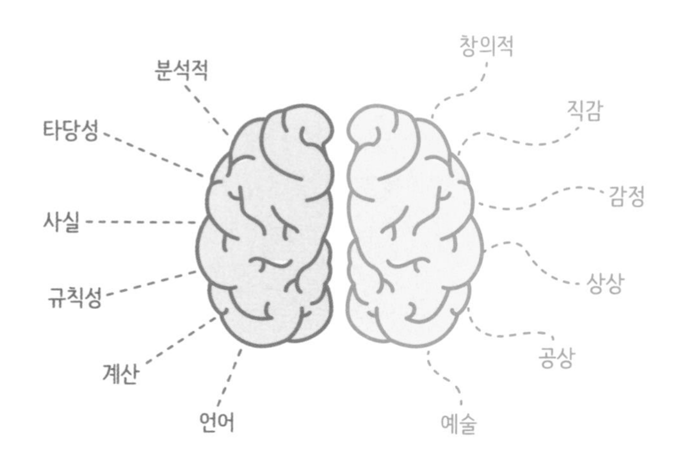

뇌는 자세한 사항이나 질서 대신 큰 그림, 즉 경험의 의미나 느낌에 신경을 쓰는 한편 이미지, 감정, 개인적인 기억을 전문적으로 다룬다. 우리가 직감이나 진심을 느끼는 것도 우뇌를 통해서이다. 어떤 사람들은 우뇌가 좀 더 직관적이고 감정적이라고 말하기도 한다. 이런 표현은 앞으로의 내용에서 우뇌가 어떤 일을 하는지 간단히 논하는 데 유용한 용어들이다.

하지만 엄밀히 말하자면, 우뇌가 하위 뇌 영역과 신체에 좀 더 직접적으로 영향을 받는다고 하는 편이 옳다. 하위 뇌 영역은 우뇌가 정서적 정보를 받고 해석할 수 있도록 해준다. 다소 복잡하게 느껴질 수 있지만 결국 이런 얘기다. 좌뇌는 논리적이고 정확하며 언어와 관련이 깊고 선형적인 반면, 우뇌는 감정적이고 비언어적이며 경험적이고 자전적이다.

좌뇌는 규칙을 문자 그대로 받아들인다. 아이들은 자랄수록 좌뇌 중심적 사고에 아주 능숙해지기 때문에 "확 떠민 게 아니고 그냥 민 거예요"라고 말한다. 반면 우뇌는 규칙의 본질적 의미에 중심을 두고 인간관계를 통해 느끼는 감정이나 경험에 주목한다. 또 좌뇌는 말이나 글 자체에 초점을 맞추고, 우뇌는 맥락에 초점을 맞춘다. 케이티가 아빠에게 "날 놔두고 가면 죽어버릴 거야!"라고 소리쳤던 것은 바로 비논리적이고 감정적인 우뇌 때문이었다.

아동 발달 측면에서 보면 아주 어린 시절, 특히 세 살까지는 우뇌의 발달이 우세하다. 이 나이의 아이들은 논리와 언어를 사용하여 감정을 표현하는 능력을 완전히 습득하지 못한 상태이며, 현재에 매우 충실하다. 그렇기에 음악 수업에 늦었는지는 눈곱만큼도 신경 쓰지 않고 무당벌레가 기어가는 모습에 정신을 빼앗겨 길가에 쪼그리고 앉아 있을 수 있다. 이 나이의 아이들에게 논리, 책임, 시간이란 아직 존재하지 않는다.

그렇다면, 좌뇌가 제대로 능력을 발휘하기 시작하는 때는 언제부터일까? 바로 아이들이 "왜?"라는 말을 입에 달고 다니기 시작할 때쯤이다. 왜 그럴까? 좌뇌는 이 세상의 선형적인 인과관계를 알고 그 이치를 언어로 나타내고자 하기 때문이다.

감정의 사막과 홍수, 둘 다 피하려면

아이가 안정되고 창의적이며 의미 있는 동시에 끈끈한 인간관계로 가득한 삶을 살게 하려면, 두 반구의 협력이 대단히 중요하다. 뇌의 구조는 바로 그런 식으로 설계되어 있다. 예를 들어 뇌량은 양쪽 뇌를 연결하는 신경 섬유 다발로, 좌뇌와 우뇌를 연결한다. 이 섬유를 따라 양쪽 뇌 사이의 의사소통이 일어나므로 두 반구는 하나의 팀처럼 움직일 수 있다.

이것이 바로 우리가 아이에게 기대하는 바다. 아이들의 뇌가 수평적으로 통합되어 좌뇌와 우뇌가 조화롭게 협력하기를 바란다. 그렇게 됨으로써 아이들은 논리와 감정을 둘 다 중요하게 여길 수 있다.

정서적으로 안정될 뿐만 아니라 자신과 세계를 이해하게 된다.

뇌는 왜 두 개의 반구로 이루어졌을까? 뇌가 두 개의 반구로 되어 있는 데는 이유가 있다. 두 개의 반구가 각각 전문적인 기능을 담당하기 때문이다. 이로써 더욱 복합적인 목표를 성취할 수 있으며 복잡하고 어려운 과제를 수행할 수 있다. 좌뇌와 우뇌가 통합되지 않고 주로 어느 한쪽으로만의 경험에 접근하게 된다면 심각한 문제가 생긴다. 좌뇌 혹은 우뇌만을 사용하는 것은 한쪽 팔만 사용하여 수영하는 것과 흡사하다. 할 수는 있겠지만, 두 팔을 다 사용하면 제자리에서 빙빙 돌지 않고 멋지게 헤엄칠 수 있지 않은가.

뇌도 마찬가지다. 감정을 예로 들어보자. 의미 있는 삶을 살기 위해 감정은 절대적으로 중요하지만 우리는 감정이 삶을 완전히 지배하길 바라지 않는다. 우뇌가 모든 뇌 기능을 지배하고 좌뇌의 논리를 무시한다면, 우리는 감정의 홍수에 푹 빠져 허우적대는 기분이 들 것이다. 하지만 좌뇌만 사용해서 논리와 언어를 감정과 경험에서 분리하고자 하지도 않는다. 이 경우에는 마치 감정이 메마른 사막에서 사는 기분이 들 것이다.

목표는 감정의 홍수나 감정의 사막을 모두 피하는 것이다. 우리는 비합리적인 인상이나 자전적 기억, 필수적인 감정들이 나름의 중요한 역할을 수행하도록 놔두고 싶어 한다. 하지만 그런 면들을 자아와 통합하여 삶의 질서와 체계를 부여하고 싶어 하기도 한다. 유치원에 혼자 남겨져 기겁했던 케이티는 주로 우뇌를 작동시킨 셈이다. 그 결과 아빠인 토머스는 케이티의 감정적인 우뇌가 논리적인 좌뇌와 조화롭게 작용하지 못해 감정이 비논리적으로 폭발하는 장면을 목격하게 되었다.

여기서 중요한 점은, 문제를 일으키는 것이 비단 감정의 폭발만은 아니라는 사실이다. 우뇌가 무시당하거나 부인되는 경우, 즉 감정의 사막도 감정의 폭발만큼이나 해롭다. 감정의 사막은 케이티보다 나이가 많은 아이들에게서 자주 나타난다. 아래의 댄의 이야기는 우리 대부분이 겪어봤을 법한 일이다. 아빠를 찾아온 열두 살짜리 딸과의 대화다.

> 제 딸 아만다는 가장 친한 친구와 싸운 일에 대해 얘기했어요. 전 이게 아만다에게 아주 괴로운 일이었다는 걸 아이 엄마에게 들어서 알고 있었지만, 그 애는 어깨를 으쓱하고 창밖을 보면서 말하더라고요.
> "걔랑 다시는 말을 안 해도 상관없어요. 짜증나는 애니까요."
> 아만다는 체념한 듯 차가운 표정이었지만, 아랫입술이 파르르 떨렸고 차분하게 깜박이던 눈꺼풀도 떨리다시피 했죠. 그 모습을 보고 아만다의 '진짜 감정'을 드러내는 우뇌의 비언어적 신호를 감지할 수 있었어요. 거절은 고통스러운 일이죠. 아만다가 상처받은 마음에 대처한 방식은 '좌뇌로 피신하기'였어요. 말하자면, 무미건조하지만 예측과 통제가 가능한 감정의 사막, 즉 좌뇌 쪽으로 치우친 거죠.

저는 아만다가 친구와의 갈등을 생각하면 괴로워질지언정 우뇌에서 일어나는 일에 관심을 기울이고 그것을 존중할 필요가 있음을 깨닫도록 도와야 했어요. 뇌의 하부 영역들은 서로 결합하여 감정을 만들어내는데, 우뇌는 이 영역들과 신체감각에 직접적으로 연결되어 있기 때문이죠. 이렇게 하여 우뇌에서 나오는 모든 심상과 감각, 자전적 기억은 감정과 버무려집니다. 속이 상했을 때는, 이렇게 우뇌와 관련되어서 예측할 수 없는 의식에서 물러나 예측과 통제가 가능하고 논리적인 좌뇌의 땅으로 후퇴하는 편이 더 안전하게 느껴지기도 해요.

아만다를 결정적으로 도운 건 제가 그 애의 진짜 감정에 조심스럽게 동조해준 일이었어요. 전 아만다가 자기 자신에게서조차 숨으려고 한다거나, 아만다의 인생에서 중요했던 그 친구가 그 애에게 어떻게 상처를 줬는지 불쑥 말하지 않았거든요. 그 대신 아만다의 감정을 느끼려고 했고 저의 우뇌로 그 아이의 우뇌와 소통하려고 했어요. 표정과 자세로 제가 자기의 기분을 진심으로 이해한다는 걸 알려줬죠.

이 동조하는 행동은 아만다가 '공감받는다고 느끼도록' 도와주었어요. 자신이 혼자가 아니고, 제가 자기의 외적 행동뿐만 아니라 마음속 감정에 관심이 있다는 사실을 알도록 말이에요. 일단 우리 사이에 연대감이 형성되고 나니 둘 다 자연스럽게 말하기가 쉬워졌고, 아만다의 마음속에서 일어나는 일에 깊이 접근할 수도 있었죠.

아만다에게 가장 친한 친구와의 싸움에 대해 얘기해 달라고 하고 스스로 감정의 미묘한 변화를 관찰할 수 있도록 얘기를 중간중간 끊어보게도 했습니다. 저는 아만다를 자기의 진짜 감정으로 다시 안내하고 그 아이가 감정을 생산적으로 처리하도록 도왔어요.

이게 바로 제가 아만다의 감정과 신체적 감각, 심상들이 우뇌와 연결되도록 하는 한편, 자신의 경험을 순차적으로 이야기하는 언어 능력이 좌뇌와 연결되도록 하려고 했던 방법이죠. 이런 일이 뇌에서 어떻게 일어나는지 지켜보면서, 좌뇌와 우뇌의 연결이 어떤 상호작용을 하며 어떻게 결과를 180도 바꿔놓는지 알 수 있었습니다.

• • •

자녀가 상처받길 원하는 부모는 없다. 또한 아이들이 힘든 상황을 단순히 인내하기만 하는 것도 바라지 않는다. 부모들은 아이들이 난관을 직면하고 그것을 통해 성장하기를 바란다. 아만다가 우뇌에서 맴도는 온갖 고통스러운 감정을 피해 좌뇌 쪽으로 도망쳤을 때, 그 아이는 알아야 하는 자신의 중요한 일부를 부인한 것이다.

'좌뇌로 피신하기'는 아이가 자신의 감정을 부정하는 것뿐만 아니라 나중에 더 큰 위험으로 닥칠 수 있다. 예를 들어, 여덟 살 난 아이에게 별 뜻 없이 농담을 했는데, 아이가 방어적인 태도를 보이거나 화를 내기도 하는 것이다. 이때, 부모가 통찰력 없이 상황을 묻자 그대로 받아들이면 우뇌의 전문 분야인 큰 맥락 속에서 상황을 보아야 발견할 수 있는 의미를 놓치게 된다.

우뇌는 비언어적 단서를 읽어내는 일을 맡는다는 점을 기억하자. 특히 피곤하거나 우울한 상태라면 아이는 부모의 말 자체에만 초점을 맞추고 장난스러운 억양이나 눈짓은 미처 보지 못할 수도 있다.

저자인 티나는 고지식한 좌뇌 쪽으로 지나치게 치우칠 때 일어날 수 있는 일을 겪었다. 티나는 막내아들의 첫 번째 생일을 맞아 동네 식료품점에 케이크를 주문했다. 티나가 주문한 것은 컵케이크 여러 개를 늘어놓아 하나의 큰 케이크처럼 보이도록 장식한 '컵케이크 케이크'였다.

그녀는 주문할 때 아들 이름의 이니셜인 'J. P.'를 컵케이크 위에 써 달라고 했다. 파티 시작 전 케이크를 찾으러 간 티나는 안타깝게도 문제가 있다는 사실을 즉시 알아차렸다. 컵케이크 위에는 J. P.라는 이니셜 대신 'J. P. on the cupcakes'라는 문자로 도배되었다. 좌뇌 때문에 지나치게 고지식해졌을 때 어떤 일이 일어나는지를 보여주는 사례이다.

우리의 목표는 자녀들이 양쪽 뇌를 모두 사용하는 법, 즉 좌뇌와 우뇌를 통합하는 법을 배우도록 도와주는 일이다. 한쪽 강둑에는 혼란이 있고 건너편 강둑에는 긴장이 있었던 행복의 강을 떠올려보자. 앞서 우리는 두 극단 사이에서 조화로운 흐름을 유지하는 것이 '정신 건강'이라고 정의했다. 그러므로 부모는 좌뇌와 우뇌를 연결하도록 도와줌으로써 아이들이 혼란과 긴장의 강둑을 피해 정신 건강과 행복의 유연한 흐름 속에서 살도록 좋은 기회를 제공하는 것이다.

좌뇌와 우뇌의 통합은 아이들이 어느 한쪽 강둑에 너무 가까이 가지 않도록 도와준다. 우뇌의 원초적인 감정이 좌뇌의 논리와 결합되지 않으면 아이들은 케이티처럼 혼란의 강둑에 가까이 흘러가기 마련이다. 이 말은 아이들이 좌뇌를 이용해서 균형 감각을 찾고 감정을 긍정적으로 다스리도록 부모가 도와주어야 한다는 뜻이다. 또한 아만다처럼 감정을 부정하고 좌뇌 쪽으로 피하려고 한다면 아이들은 긴장의 강둑에 바짝 붙어 있는 셈이다. 그런 경우에는 아이들이 우뇌에 의존해서 새로운 조언과 경험에 마음을 열도록 도와주어야 한다.

아이들의 뇌를 수평적으로 통합하려면 어떻게 해야 할까? 가정에서 부모가 할 수 있는 '양쪽 뇌를 모두 사용할 수 있는' 두 가지 습관에 대해 살펴보자. 이 습관들을 실행하면 아이들의 좌뇌와 우뇌를 즉각적으로 통합하는 결과를 얻을 수 있다.

습관
01

공감한 후에 방향을 재설정하라

못 들은 척 하기

아이 엄마가 밤에 쪽지를 안 써줘서 화났어. 그리고 나 숙제하기 싫어!

엄마 어서 네 방에 가서 잠이나 자.

NG!

공감 후 방향 재설정하기

아이 엄마가 밤에 쪽지를 안 써줘서 화났어. 그리고 나 숙제하기 싫어!

엄마 엄마도 그런 일로 화날 때가 있어. 오늘 밤에 엄마가 쪽지를 남겨줬으면 좋겠니? 숙제에 대해선 엄마가 몇 가지 생각이 있어. 지금은 늦었으니 내일 좀 더 얘기하자.

OK!

티나의 일곱 살 난 아들은 어느 날 잠자리에 들었다가 곧바로 다시 거실에 나타나 잠을 잘 수가 없다고 말했다. 아이는 분명 화가 나서 이렇게 말했다.

"엄마가 밤에 쪽지를 안 남겨줘서 나 화났어!"

평소답지 않은 감정의 폭발에 놀란 티나가 대답했다.

"엄만 네가 쪽지를 받고 싶어 하는 줄 몰랐어."

이 말에 아이는 불만을 속사포처럼 마구 쏟아내는 식으로 반응했다.

"엄마는 나한테 전혀 잘해주지 않아. 내 생일이 오려면 열 달이나 기다려야 해서 화난단 말이야! 그리고 숙제도 정말 싫어!"

논리적인가? 아니다. 그렇다면 낯익은 장면인가? 그렇다. 모든 부모들은 자녀가 말도 안 되는 이야기를 하며 화내는 일을 겪는다. 이런 상황에 처하면 실망스러운 마음이 들기도 한다. 특히 자녀가 합리적으로 행동하고 논리적으로 대화할 만큼 컸다고 생각할 때는 더욱 그렇다. 하지만 갑자기 아이가 터무니없는 일로 화를 낸다면 우리 입장에서 아무리 알아듣게 설명해도 아무런 도움이 되지 않는다.

뇌의 두 반구에 대한 지식을 통해, 티나의 아들이 좌뇌로 논리적인 균형을 잡지 못하고 우뇌에 기반한 거대한 감정의 물결을 경험하고 있었음을 알 수 있다. 아이가 이러는 순간 부모가 할 수 있는 행동 중 효과가 없는 것은 좌뇌 중심적 반응이다.

"아니, 엄만 너한테 잘해주잖아!"
"네 생일이 더 빨리 오게 해줄 수는 없어. 그리고 숙제는 네 할 일이지!"
이런 식으로 대뜸 자기를 방어하거나 아이의 잘못된 논리에 반박해서는 안 된다. 좌뇌에 기반한 논리적 반응은 이해력이 약한 우뇌의 벽에 부딪히고 그 둘 사이에 큰 틈을 만든다. 사실 화가 난 그 순간 아이에겐 논리적인 좌뇌가 없는 것이나 마찬가지다. 따라서 티나가 좌뇌로 반응했다면 아이는 엄마가 자기를 이해해주지 않는다거나 자기의 감정에 신경 써주지 않는다고 느낀다.
아이는 우뇌 중심적이고 비합리적인 감정의 홍수 속에 있었기 때문에 좌뇌 중심적 반응은 둘 다 손해만 보는 접근법이다. 이런 경우 자동적으로 "그게 무슨 얘기니?"라고 묻거나 "당장 잠자리로 돌아가!"라고 하기 쉽지만, 티나는 그러려는 자신을 제지했다. 대신 그녀는 '교감과 방향 재설정' 기법을 사용했다. 티나는 아이를 가까이 끌어당겨 등을 쓰다듬으며 달래듯 말했다.
"가끔 엄청 힘들 때가 있지, 그치? 하지만 엄마는 한순간도 널 잊지 않아. 넌 항상 엄마 맘속에 있거든. 엄마한테 네가 얼마나 특별한지늘 기억해주면 좋겠어."
아이는 가끔 엄마가 남동생에게 더 관심을 보일 때면 자기의 기분이 나빠지고, 또 숙제 때문에 자유 시간을 너무 많이 뺏긴다는 사실을 설명했고, 그러는 내내 티나는 아이를 보듬고 있었다. 티나는 아이가 말을 하면서 점점 감정이 누그러지고 안정을 찾는 것을 느낄 수 있었다. 아이는 엄마가 이야기를 들어주고 돌봐준다고 느꼈다.
그러고 나서 티나는 아이가 말했던 문제들을 하나하나 간단히 살펴봐주었다. 이제 아이가 문제를 해결하고 계획을 세우는 데 수용적인 자세가 되었기 때문이다. 그리고 그 둘은 다음 날 아침에 일어나서 이야기를 계속하기로 했다.
이런 상황에서 부모들은 자녀가 정말로 도움이 필요한 건지, 아니면 그냥 자기 싫어서 시간을 끄는 건지 궁금해한다. 전뇌적 양육이란 아이에게 휘둘린다거나 나쁜 행동을 부추긴다는 뜻이 아니다. 오히려 그 반대로, 자녀의 뇌가 어떻게 작용하는지 이해함으로써 큰 소동 없이 협조를 훨씬 빨리 이끌어내는 방법이다.
이 사례에서 티나는 아이의 뇌에서 무슨 일이 일어났는지 이해했기 때문에, 아이의 우뇌와 교감하는 것이 가장 효과적인 대응책임을 알았다. 티나는 자신의 우뇌를 사용하여 아이를 편안하게 해주고 이야기를 들어주었으며, 아이는 5분도 안 되어 잠자리로 돌아갔다. 만약 이와 반대로 티나가 좌뇌의 논리대로 규칙을 곧이곧대로 들이대며 잠자리를 빠져나온 부분에 대해서만 호되게 나무랐다면 이 둘은 서로 속만 더 상했을 것이다. 그리고 아이가 잠들 수 있을 만큼 진정할 때까지 5분보다 훨씬 오래 걸렸을 것이다.
더욱 중요한 점은, 티나가 아이를 달래듯 다정하게 대응했다는 점이다. 아이가 주장한 문제들이 엄마에게는 어이없고 비논리적으로 보였겠지만, 아이는 자기가 불공평한 대우를 받고 있고 자기의 불만이 정당하다고 진심으로 느꼈다. 엄마는 우뇌 대 우뇌로 아이와 유대를 형성함으로써 자신이 아이의 감정을 알아준다는 점을 전달할 수 있었다. 설사 아이가 꾀를 부렸더라도 우뇌 중심의 대응이 가장 효과적인 접근법이었을 것이다.

티나는 우뇌 중심적 대응으로 엄마와 교감하고자 하는 아이의 욕구를 채워주었을 뿐만 아니라 아이가 더 빨리 잠자리에 들 수 있게 행동의 방향을 다시 설정해줄 수 있었다. 그녀는 아이의 거대한 감정의 홍수에 맞서 싸우는 대신, 아이의 우뇌에 반응하여 그 감정의 물결을 탔다.

• • •

이 이야기는 중요한 점을 짚어준다. 아이가 속상해하고 있다면, 우뇌의 정서적 욕구에 반응해줄 때까지 논리는 도움이 되지 않을 때가 많다. 우리는 이 정서적 교감을 '동조attunement'라고 부른다. 동조를 통해 부모는 아이에게 깊이 교감하고 아이가 공감을 받는다고 느끼도록 해준다. 부모와 자녀는 서로의 마음을 알아주면서 연결되었다는 느낌을 경험한다.

우리는 아이의 행동에 대한 티나의 접근법을 '교감과 방향 재설정' 방식이라고 부른다. 이 기법은 문제를 해결하거나 상황을 논리적으로 다루기 이전에 자녀들이 '공감을 받는다고 느끼도록' 도와주는 데서 시작한다. '교감과 방향 재설정' 기법은 다음과 같다.

1단계, 우뇌를 이용해 교감하라

사회에서는 말과 논리를 사용하여 사물을 이해하도록 훈련받는다. 하지만 여러분의 네 살짜리 아이가 스파이더맨처럼 천장을 걷지 못하는 데 격노한다면, 아이에게 물리학 원리를 알려줄 때가 아님은 분명하다. 혹은 열한 살짜리 아이가 누나만 편애한다는 생각에 속상해할 때 두 아이를 똑같이 혼내는 것은 적절한 대응이 아니다.

먼저, 이러한 상황에서 대화할 만큼의 분별력을 발휘하는 데 논리가 필요하지는 않다는 점을 깨달아야 한다. 또한 우리가 보기에 아이의 감정이 아무리 실망스럽고 터무니없더라도, 그 감정이 진짜이며 아이들에게 중요하다는 점을 염두에 두어야 한다. 반드시 그렇게 생각하고 아이에게 대응해야 한다.

아이와 대화하는 동안 부모가 아이의 감정을 알아주면, 그 방법은 아이의 우뇌에 효과를 발휘한다. 신체 접촉, 공감하는 표정, 달래는 듯한 억양, 비판 없는 경청 등 비언어적 신호를 사용하자. 다시 말해, 부모가 자신의 우뇌를 사용하여 아이의 우뇌와 교감하고 소통하는 것이다.

몸으로 하는 애정 표현

- 꼭 안아주기
- 부드럽게 머리 쓰다듬어주기
- 등을 토닥토닥해주기
- 얼굴과 몸에 뽀뽀해주기
- 간지럼 태우기
- 놀이를 하며 자연스럽게 스킨십 나누기
- 볼 맞대고 비비기

이 우뇌-우뇌 동조는 아이의 뇌가 균형 상태 또는 더욱 통합된 상태에 가까워지도록 만든다. 그 이후 비로소 부모는 아이의 좌뇌에 호소하여 아이가 제기했던 특정 문제들을 다루기 시작할 수 있다. 이제, 아이의 좌뇌와 우뇌가 통합하도록 도와줄 두 번째 단계를 살펴보자.

2단계, 좌뇌를 새로운 방향으로 이끌자

부모와 아이가 정서적 교감을 이뤘다면, 좌뇌를 이용하여 다시 방향을 잡아보자. 부모가 아이들을 공평하게 대하려고 얼마나 노력하는지 논리적으로 설명하고, 아이가 자는 동안 쪽지를 남겨두겠다고 약속하고, 돌아오는 생일날에는 뭘 할지, 어떻게 하면 숙제를 재미있게 할지 계획해보는 등 아이에게 방향을 재설정해보자.

부모가 아이의 우뇌와 교감한 후에 좌뇌를 이용해 합리적으로 문제를 다루면 갈등 해결의 과정이 훨씬 쉽다. 논리적인 설명과 계획은 대화할 때 아이의 좌뇌가 활성화되도록 하고, 좌뇌를 새로운 방향으로 이끈다. 결과적으로 이 접근법은 아이가 좌뇌와 우뇌를 통합하여 균형 있게 사용하도록 해준다.

- 아이를 달래듯 다정하게 대응하기
- 대화를 통해 좌뇌에 다시 방향을 잡아주기
- 부모의 생활 습관을 점검하기
- 무조건 다 받아주거나 정해진 한계를 허물지말기

'교감과 방향 재설정' 기법이 어떤 상황에서나 효과가 있다는 것은 아니다. 아이가 단계를 지나버리면 되돌리기엔 이미 늦은 상태로, 그저 폭풍이 지나갈 때까지 감정의 물결에 부딪혀야만 하는 경우도 있다. 또 아이에게 뭔가를 먹이거나 잠을 재워야 할 때도 있다. 아니면 아이가 좀 더 통합된 상태에서 자기의 감정과 행동에 대해 논리적으로 대화할 수 있을 때까지 기다려야 할 때도 있다.

단순히 아이가 논리적으로 생각하지 않는다는 이유로 다 받아주거나 정해진 한계를 허물어뜨리라고 권하는 것이 아니다. 아이의 좌뇌가 비활성화 상태라고 해서 존중과 행동의 원칙이 무너져서는 안 된다. 예를 들어, 무례하게 굴거나 다른 사람을 다치게 하거나 물건을 던지는 등 가정에서 부적절하게 여겨지는 행동은 아이의 감정이 아무리 격할 때라도 여전히 금지되어야 한다.

부모들은 '교감과 방향 재설정' 기법을 시작하기 전에 아이의 나쁜 행동을 제지하거나 아이가 상황에서 벗어나도록 해야 할지 모른다. 하지만 전뇌적 접근법에서는 먼저 아이부터 진정시키고 그다음에 나쁜 행동과 그 결과에 대해 이야기하는 것이 효과적이다. 감정이 폭발하는 순간은 무언가를 배우기에 좋은 상황이 아니기 때문이다.

일단 좌뇌가 다시 활동하기 시작하면 아이가 훨씬 수용적인 상태가 되기도 하므로 훈육이 효과적일 수 있다. 여러분이 안전 요원이라 치면, 아이에게 다음번에는 그렇게 멀리 헤엄쳐 가지 말라고 이야기하기 전에 먼저 아이를 감싸 안고 물가로 헤엄쳐 나오는 것과 같다.

핵심은 아이가 우뇌로 인한 감정의 홍수에 빠졌을 때, 방향을 재설정하는 것보다 아이와의 교감이 선행돼야 한다는 점이다. 이런 접근법은 아이가 물에 잠기지 않도록 해주는 구명조끼의 역할을 하며, 부모마저 아이와 함께 수면 아래로 끌려 들어가지 않도록 한다.

단계별 코칭 1

아이를 효과적으로 달래는 두뇌 습관

아이가 화가 많이 났을 때는 먼저 우뇌적 접근법으로 공감하고 교감하라. 아이가 통제력이 생기고 부모의 말을 수용하게 되면, 그제야 좌뇌로 접근하여 교훈을 깨닫게 하고 훈육해야 한다.

❶ 영유아(0~3세)

- 되도록이면 일찍 아이에게 감정에 대해 가르치기 시작해라. 아이에게 감정을 그대로 보여주고, 포옹이나 공감하는 표정 등 비언어적 단서를 사용해 아이를 이해하고 있다는 사실을 알려줘라.

  예시 "불만이 있나 보구나, 맞지?"
- 아이와 교감을 했으면 경계선을 정해라.

  예시 "깨물면 아파. 얌전하게 굴어."
- 적절한 대안에 초점을 맞추거나 다른 일로 넘어가라.

  예시 "얘, 저기 네 곰인형 있네. 이 곰인형 본 지도 오래됐구나."

❷ 미취학 아동(3~6세)

- 아이가 무엇때문에 화가 났는지 다정하게 들어준다. 아이를 안고 달래는 태도로 비언어적인 의사소통을 하며 아이에게 들은 이야기를 되풀이해서 들려줘라.

  예시 "몰리가 올 수 없어서 정말 많이 실망했구나?"

- 아이와 교감했다면 아이가 문제 해결과 적절한 행동에 주의를 기울이도록 도와라.

  예시 "엄마도 네가 화난 건 알겠지만, 엄마한테 공손하게 행동하면 좋겠어. 뭐 하고 놀 건지는 생각해봤니? 내일은 몰리가 올 수 있는지 알아보는 것도 좋겠다."

❸ 초등학교 저학년(6~9세)

- 먼저 이야기를 들어주고, 그다음에 아이의 감정을 되풀이해서 들려줘라.
- 비언어적 의사소통을 통해 아이를 안심시키고 위로해줘라. 포옹, 스킨십, 공감하는 표정 등은 격한 감정을 가라앉히는 강력한 도구이다.
- 마음이 좀 가라앉으면 문제 해결 쪽으로 방향을 다시 잡아주고, 상황에 따라 훈육과 경계 설정을 하라.

❹ 초등학교 고학년(9~12세)

- 먼저 들어주고 나서 아이가 느끼는 것을 반영해준다. 아이를 깔보는 투로 말하거나 잘난 체하지 않도록 조심하라.
- 들은 대로 말하고, 비언어적 요소를 사용하라. 이 시기의 아이들은 거의 다 자랐지만 여전히 보살핌과 관심을 받고 싶어 한다.
- 필요하다면 훈육을 하라. 아이에게 명확하고 직접적으로 말해라. 아이는 논리적인 상황 설명과 그 상황에서 야기될 결과를 이해할 만큼 자랐다.

습관
02

버거운 감정을 이야기로 가라앉혀라

틀렸다고 꾸짖기

아이 넘어져서 무릎을 다쳤어요!

엄마 이제 괜찮아졌잖아. 울지 마. 조심했어야지, 왜 넘어지고 그래?

NG!

이야기하며 감정 가라앉히기

아이 넘어져서 무릎을 다쳤어요!

엄마 아유, 아프겠다. 엄마가 봤는데, 달려가다가 발이 걸려 넘어져서 무릎이 긁혔더구나. 그다음에 어떤 일이 있었니?

아이 엄마가 와줬어요.

엄마 맞아. 엄마가 널 안고 달래줬지. 이제 기분이 좀 나아졌니?

아이 네.

OK!

걸음마를 배우는 아이가 넘어져 팔꿈치를 다치거나, 유치원에 다니는 아이가 사랑하는 반려동물을 잃는다거나, 5학년 아이가 학교에서 괴롭힘을 당하는 등 아이가 고통스럽거나 실망스럽거나 겁이 나는 순간을 경험할 때가 있다. 이럴 때 아이는 우뇌에서 휘몰아치는 격한 감정과 신체 감각을 감당하기 어려워한다. 이런 상황에서 부모들은 아이가 좌뇌의 능력을 끌어내서 무슨 일이 일어나고 있는지 이해하도록 도와야 한다. 가장 좋은 방법은 두렵거나 고통스러운 경험을 아이가 다시 이야기하게끔 돕는 것이다.

예를 들어, 벨라는 아홉 살 때 변기 물을 내리다가 물이 넘치는 경험을 했다. 바닥으로 물이 넘쳐흐르는 광경을 본 벨라는 그 뒤로 변기 물을 내리려 하지 않았다. '이야기하면서 다스리기' 기법을 알게 된 벨라의 아빠 더그는 딸과 마주 앉아서 변기 물이 넘쳐흘렀던 일을 다시 이야기해보았다. 더그는 벨라가 되도록 많이 이야기하게 했고, 사건 이후로 오랫동안 물 내리는 것을 무서워했던 감정을 포함해서 그때의 경험을 자세히 이야기하도록 도와주었다. 이야기를 여러 번 되풀이한 뒤 벨라의 두려움은 점점 줄어들더니 마침내 사라졌다.

경험을 다시 이야기하는 것이 왜 그토록 효과적일까? 근본적으로 더그가 한 일은 벨라가 좌뇌와 우뇌를 함께 사용하여 예전에 일어났던 일을 이해하도록 도와준 것이다. 물이 바닥에 넘쳐흐르던 일, 그때 얼마나 조마조마하고 걱정스러웠는지 이야기할 때 벨라의 좌뇌와 우뇌는 함께 작용했다. 벨라는 당시 일어난 일과 경험을 자세히 말로 표현하면서 좌뇌를 사용했고, 그때 느낀 감정을 되살리면서 우뇌를 사용했다. 이렇게 벨라는 두려움을 이야기하며 감정을 다스릴 수 있었다.

아이가 이야기하는 것을 내키지 않아 할 때는 어떻게 해야 할까? 그럴 때는 아이가 언제 어떻게 이야기하고 싶어 하는지를 존중해야 한다. 억지로 말하게 했다가 역효과만 낳을 수 있기 때문이다. 혼자 있고 싶거나 말하고 싶지 않을 때를 떠올려보자. 그럴 때 누가 재촉한다고 해서 깊은 감정을 나누며 대화를 하고 싶던가? 억지로 말하게 하는 대신 부모가 먼저 이야기를 시작한 다음, 아이가 자세한 부분을 채우도록 부드럽게 격려할 수 있다. 아이가 관심을 보이지 않으면 한숨 돌리고 나중에 이야기해도 좋다.

이런 식으로 대화를 시작하는 시기를 심사숙고해서 결정한다면 아이가 받아들이기 한결 수월하다. 먼저 둘 다 기분이 좋은지 확인해야 한다. 또한 노련한 부모나 아동 치료사라면, 가끔 다른 일을 하면서 무심하게 이야기를 건넬 때 정말 유익한 대화를 나눌 수 있음을 알 것이다. 아이들은 우리가 똑바로 마주 보고 앉아서 터놓고 얘기하라고 할 때보다, 뭔가 만들거나 카드놀이를 하면서, 또는 차를 타고 이동하는 동안 더 잘 터놓고 말하는 경향이 있다.

아이가 이야기를 하고 싶어 하지 않을 때 부모가 택할 수 있는 또 다른 전략은 그 사건을 그림으로 그리게 하는 것이다. 어느 정도 큰 아이라면 글로 써보게 할 수도 있다. 아이가 부모에게 털어놓기를 주저한다면, 잘 들어줄 만한 친구나 다른 어른들, 형제자매에게 이야기해보라고 격려하는 것도 좋다.

부모들은 아이를 달래거나 진정시키는 데 이야기하기가 얼마나 강력한 효과를 발휘하는지 알지만, 그것의 과학적 근거에 대해서는 잘 모른다. 우뇌는 감정과 자전적 기억을 처리하고, 좌뇌는 그 감정과 기억을 이해하도록 해준다. 힘들었던 경험의 치유는 좌뇌와 우뇌를 함께 써서 경험에 대해 이야기할 때 일어난다.

아이가 자기의 경험에 주의를 기울이고 그것에 대해 다른 사람과 이야기를 나눈다면, 팔꿈치가 벗겨지는 사소한 일부터 심각한 손실이나 충격적인 경험에 이르기까지 어떠한 일들도 건강하게 대처할 수 있다.

아이들은 좌뇌를 사용해서 지금 무슨 일이 일어나고 있는지 이해하는 데 도움이 필요할 때가 종종 있다. 강렬한 감정을 불러일으키는 경험을 했을 때 특히 그렇다. 사건을 정리하고, 우뇌에서 느끼는 거대한 두려움의 정체를 밝혀 그 감정을 효과적으로 다룰 수 있으려면 도움이 필요하다. 그 역할을 해주는 것이 바로 이야기하기다. 우리는 이야기를 하면서 좌뇌와 우뇌를 함께 사용하여 자신과 세계를 이해할 수 있다.

좌뇌는 이치에 맞게 이야기하기 위해 언어와 논리로 상황을 정리한다. 우뇌는 몸의 감각, 원초적 감정, 개인적 기억을 기반으로 상황을 큰 그림으로 파악할 수 있게 해준다. 이는 힘들었던 사건을 정리하고 이야기하는 일이 왜 치유에 그토록 강력한 도움이 되는지에 대한 과학적인 근거이다. 한 연구에 따르면, 실제로 감정에 이름을 붙여 분류하는 것만으로도 우뇌 감정 회로의 활동이 진정된다고 한다.

이런 이유로 아이의 나이에 상관없이 경험을 이야기하는 일은 매우 중요하다. 자신이 경험한 사건과 감정을 이해하려고 노력하는 데 도움이 되기 때문이다. 가끔 부모들은 아이를 속상하게 만든 일을 언급하지 않으려 한다. 아이가 괴로워하거나 상황이 나빠질 것을 우려해서이다. 하지만 사실은 그 사건을 이해하고 좋게 받아들일 수 있으려면, 이야기하기야말로 아이에게 필요한 일인 경우가 많다. (1장에서 나왔던 마리아나의 아들 마르코의 '이아 우 우' 이야기를 돌이켜보자.) 인간은 자신에게 일어난 일을 이해하려는 욕구가 매우 강하다. 뇌는 성공할 때까지 계속해서 경험을 이해하고 납득하려고 노력한다. 우리 부모들은 이야기하기를 통해 이 과정을 도울 수 있다.

자기를 유치원에 두고 가면 죽어버리겠다고 소리쳤던 유치원생 케이티에게 아빠 토머스가 해준 일이 바로 그것이었다. 토머스는 그 상황이 실망스럽기는 했지만 케이티의 경험을 무시하고 부정하려는 마음을 눌렀다. 전에 배운 지식 덕분에 토머스는 딸의 뇌가 몇 가지 사건을 연관 지어 생각한다는 사실을 알았다. 케이티는 아빠가 유치원에 내려준 일, 구토가 치밀었던 일, 아빠가 떠난 일, 두려움을 느꼈던 일을 연관 지어서 생각하고 있었다. 그래서 가방을 챙겨 유치원에

갈 시간이 되면 케이티의 뇌와 몸은 케이티에게 '유치원에 가는 것은 안 좋은 일이다=토할 것 같다=아빠가 가버린다=무섭다'라고 말하기 시작했다. 이런 시각에서 보면 케이티가 유치원에 가지 않으려고 했던 것이 이치에 맞는다.

이 사실을 깨달은 토머스는 뇌의 좌우 반구에 대한 지식을 이용했다. 토머스는 케이티처럼 어린 아이들이 대개 우뇌에 의존해서 생각하고, 언어를 사용해서 논리적으로 감정을 표현하는 데 서툴다는 사실을 알고 있었다. 케이티는 강렬한 감정을 느꼈지만 그 감정을 명확하게 이해하거나 전달할 수 없었다. 그래서 그 감정은 주체할 수 없이 강해졌다. 토머스는 자전적 기억이 우뇌에 저장된다는 사실도 알고 있었고, 케이티가 토했을 때의 자세한 정황들이 기억 속에서 연결되어 우뇌가 과열되었다는 사실도 이해했다.

이 사실을 모두 이해한 토머스는 케이티가 좌뇌를 사용해서 자기의 감정을 이해해야 하며, 그 일을 자기가 도와야 함을 받아들였다. 케이티가 좌뇌를 통해 논리를 이용하고, 사건을 정리하고, 감정을 언어로 옮기도록 말이다. 이를 위해 토머스가 선택한 방법은 케이티가 그날 일어났던 일을 이야기하면서 뇌의 좌우 반구를 함께 사용하도록 하는 것이었다. 토머스는 딸에게 이렇게 말했다.

"아빤 네가 유치원에서 토하고 나서부터 유치원에 가기 힘들어한다는 걸 알아. 유치원에서 토했던 날을 다시 떠올려보자. 처음에, 우린 유치원 갈 준비를 했지? 기억해보렴. 그날 넌 빨간 바지를 입겠다고 했고, 아빠랑 블루베리 와플을 먹은 다음에 이를 닦았지? 유치원에 도착해서는 아빠랑 꼭 끌어안고 나서 헤어졌잖아. 넌 책상에서 그림을 그리기 시작했고, 아빠는 손을 흔들면서 잘 지내라고 인사했어. 그리고 아빠가 간 다음에 무슨 일이 일어났니?"

케이티는 자기가 토했다고 대답했다. 토머스가 케이티의 말을 이어 받았다.

"맞아. 그래서 기분이 나빴지? 그때 라루사 선생님이 널 잘 돌봐주셨고, 아빠가 오는 게 좋겠다고 생각해서 아빠에게 전화도 해주셨어. 아빠가 바로 달려갔지. 아빠가 도착할 때까지 선생님이 돌봐주셔서 다행이었지? 그다음엔 무슨 일이 있었더라? 아빠가 널 돌봐줘서 기분이 조금 나아졌지?"

이때 토머스는 케이티에게 아빠가 바로 달려왔고 모든 일이 괜찮아졌다는 점을 강조했다. 아빠가 필요할 때면 언제든 곁에 있을 거라는 점을 케이티에게 확실히 알려주었다.

토머스는 자세한 사항들을 이렇게 정리함으로써 케이티가 감정적으로 신체적으로 경험한 것을 이해할 수 있도록 해주었다. 그런 다음 케이티가 유치원에서 좋아하는 것들을 상기하게 하여, 유치원을 안전하고 재미있는 곳이라고 새롭게 연상하게끔 도와주었다. 둘은 함께 그날 일을 글로 적고 케이티가 교실에서 가장 좋아하는 장소들을 그려서 책을 만들었다. 여느 아이들이 그렇듯 케이티도 직접 만든 그 책을 읽고 또 읽고 싶어 했다.

오래 지나지 않아 케이티는 다시 유치원을 좋아하게 되었고, 좋지 않은 경험은 케이티에게 더 이상 전과 같은 영향을 끼치지 못했다. 다시 말해 케이티는 자기를 사랑하는 사람들의 도움으로 두려움을 극복할 수 있다는 사실을 배웠다. 토머스는 케이티가 자라는 동안 자신의 경험을 이해하게끔 계속 도와줄 것이다. '이야기하면서 다스리기' 기법은 케이티가 힘든 상황을 다룰 때마다 사용하는 방법이 될 것이며, 어른이 되어 살아가는 동안 마주치는 역경을 다룰 때도 강력한 도구가 되어줄 것이다.

케이티보다 훨씬 어린 아이들, 생후 10개월에서 12개월밖에 안 된 아이들에게도 '이야기하면서 다스리기' 기법은 효과적이다. 걸음마를 하다가 넘어져 무릎을 다친 아이를 상상해보자. 전적으로 현재에 충실하고 자기 몸과 두려움에 민감한 아이의 우뇌는 고통을 느낀다. 아이는 그 고통이 영원히 사라지지 않을까봐 걱정한다.

이때 아이 엄마가 이 일을 말로 정리해서 다시금 이야기해준다면 아이는 좌뇌를 끌어들여 움직이게 되고, 단지 넘어진 것뿐이라는 사실을 이해하게 된다. 그 과정에서 아이는 자기가 아픈 이유를 이해할 수 있다.

아이를 집중하게 하는 이야기의 힘을 과소평가해서는 안 된다. 아이가 다치거나 겁먹었을 때 이야기가 얼마나 유용한지, 그리고 아이가 앞으로 이어질 이야기에 얼마나 열심히 참여하고자 하는지 안다면 여러분은 놀랄 것이다.

'이야기하면서 다스리기' 기법은 나이 든 아이들에게도 강력한 효과를 발휘한다. 우리와 아는 사이인 로라는 아들 잭에게 이 기법을 사용했다. 잭은 열 살 때 경미한 자전거 사고를 겪으면서 무서움을 느낀 뒤로 자전거를 타고 나가려 할 때마다 불안감에 사로잡혔다. 로라는 잭에게 이야기를 이끌어냄으로써 잭이 자기 마음속에서 무슨 일이 일어났는지 이해하기 시작했다.

로라 자전거 타다가 넘어졌던 날, 어떻게 된 일인지 기억하니?

잭 길 건너면서 엄마를 보고 있었어요. 그래서 배수구를 못 봤어요.

로라 그다음엔 무슨 일이 있었지?

잭 바퀴가 끼어서, 자전거를 탄 채로 굴렀어요.

로라 그때 무서웠겠다.

잭 네. 어떻게 해야 할지 몰랐어요. 그대로 길바닥에 쓰러져버려서 무슨 일이 있었는지도 모르겠더라고요.

로라 갑자기 그런 일이 벌어져서 정말 무서웠겠어. 그러고 나선 어떻게 되었는지 기억나니?

로라는 잭이 그 경험을 처음부터 끝까지 다시 이야기하도록 계속 격려했다. 둘은 그때 잭이 조금 울고, 진정하고, 상처에 반창고를 붙이고, 자전거를 수리하는 등 그 사고가 어떻게 해결되어 갔는지 이야기를 나누었다. 그런 다음 자전거를 탈 때는 배수구가 있는지, 차가 오는지 주의해서 살펴보자는 이야기를 주고받았다. 이 대화 덕분에 잭은 무력감에서 다소 벗어날 수 있었다.

이런 대화에서 세부 사항은 상황에 따라 달라질 수 있다. 하지만 로라가 아들 잭에게서 이야기를 이끌어낸 방식과 더불어, 이야기하는 과정에서 잭이 능동적인 역할을 하게끔 유도했다는 사실에 주목해야 한다. 로라는 조력자의 역할을 하면서 잭이 그 사건을 사실 그대로 인식하도록 도와주었다.

이야기하기는 바로 이런 식으로 우리가 무력감을 느끼는 순간에서 한발 나아가 그 기억을 극복할 수 있도록 해준다. 끔찍하고 괴로운 경험을 말로 나타낼 수 있을 때, 즉 있는 그대로 받아들일 때 그 경험이 훨씬 덜 끔찍하고 덜 괴로워지는 경우가 많다. 아이들이 고통과 두려움을 언급할 수 있도록 이끌어주는 일이야말로 그것을 다스리도록 도와주는 길인 셈이다.

단계별 코칭 2

스스로 감정을 다스리는 두뇌 습관

아이의 우뇌에서 감정이 폭발하여 통제 불능 상태가 되면, 어떤 일 때문에 화가 났는지 이야기하도록 도와주어야 한다. 아이는 이야기하기를 통해 좌뇌로 자기 경험을 이해하고 감정에 대한 통제권이 스스로 커졌다고 느끼게 될 것이다.

❶ 영유아(0~3세)

- 감정을 인정하고 감정에 이름을 붙이도록 습관을 들여라.

  예시 "슬퍼 보이는구나. 진짜로 아팠지?"
- 그 다음에 이야기를 시작하라. 어린 아이들의 경우에는 부모가 주로 말하는 사람이 될 것이다. 여러분이 쓰는 언어를 사용해서, 넘어지거나 쾅 부딪히는 연기도 하고 농담도 하면서 아기가 매혹되는 모습을 지켜보라.

❷ 미취학 아동(3~6세)

- 우뇌–우뇌가 연결되었다면 부모가 주도적으로 사건의 심각성에 상관없이 바로 이야기하기 과정을 시작하라.

  예시 "엄마가 뭘 봤는지 알아? 네가 달려가는 걸 봤는데, 미끄러운 곳에 발을 디뎌서 넘어지더라고. 이렇게 된 게 맞니?"
- 여기서 아이가 이야기를 이어받는다면 좋은 일이지만 그렇지 않다

면 여러분이 얘기를 계속해도 된다.

예시 "네가 울기 시작해서 엄마가 너한테 달려온 거야. 그리고……."

• 아이를 화나게 한 사건을 토대로 사진이나 그림을 붙여서 이야기책을 만드는 것도 좋고, 잠자리에 들 때의 습관을 바꾸거나 유치원에 입학하는 등 일상생활의 변화에 맞추어 아이와의 이야기를 준비하는 방법도 좋다.

❸ 초등학교 저학년(6~9세)

• 우뇌-우뇌가 연결되었다면 사건의 심각성에 상관없이 바로 이야기하기 과정을 시작하라.

• 5세 이하의 어린 아이들의 경우에는 부모가 이야기를 거의 다 해야 했지만, 5세 이상이라면 아이들에게 주도권을 넘겨도 된다. 학교에 다니는 아이들의 경우에는 두 가지 방식을 균형 있게 사용해야 한다. 질문을 많이 던져보자.

예시 "그 그네가 네 앞으로 다가오는 걸 몰랐니?", "그 애가 너한테 그렇게 말할 때 선생님은 뭘 하고 계셨니?", "그다음엔 어떻게 됐니?"

• 치과에 가는 것이나 이사를 하는 것처럼 아이가 두려워하는 일에 대비하게 한다.

❹ 초등학교 고학년(9~12세)

• 먼저 아이의 감정을 인정해줘라. 이 사실은 큰 아이들도 어린 아이들과 다를 게 없다. 여러분이 관찰한 것을 그대로 명확히 표현하라.

예시 "네가 화난 걸 비난하려는 게 아냐. 나라도 그랬을 거야."

- 이야기하기를 도와주도록 한다. 질문하고 곁에 있어주되 아이가 직접 자기 이야기를 자기 편한 시간에 하도록 기다려줘라. 특히 괴로운 순간에는 아이가 자기에게 무슨 일이 일어났는지 이야기하는 것이 중요하다.
- 이야기하기를 아이에게 강요해서는 안 된다. 곁에 있어주면서 아이가 준비되었을 때 이야기하도록 이끈다.
- 아이가 부모에게 이야기하고 싶어 하지 않으면 일기를 쓰도록 하거나 이야기할 만한 사람을 찾도록 도와줘라.

실 천 하 기

아이의 감정과 욕구를 읽어내는 법, 전뇌적 양육

좌뇌와 우뇌에 대해 더 많이 알게 되었으니 이제 부모 자신의 통합에 대해 생각해보자. 여러분은 아이를 기를 때 우뇌에 치우쳐서 행동하지는 않는가? 감정의 홍수에 휩쓸려 아이들을 부모의 혼돈과 두려움으로 몰아가는 일이 자주 있지는 않은가? 아니면 좌뇌 중심적인 감정의 사막에 살면서 융통성 없이 반응하거나, 아이의 감정과 욕구를 읽고 반응하는 데 어려움을 겪지 않는가?

다음은 어린 아들과 소통할 때 주로 한쪽 뇌만 사용했음을 깨달은 한 엄마의 이야기다.

저는 군인 가정에서 자랐어요. 말할 필요 없이 저는 감정 표현을 그리 잘하지 못해요. 전 수의사이고 문제 해결 기법을 교육받은 사람이지만, 공감에는 전혀 도움이 되지 않더군요.

아들이 울려고 하거나 화가 났을 때 저는 아이를 진정시켜 문제를 해결하게끔 도와주려고 했어요. 하지만 효과가 별로 없었고 때로 아이를 더 심하게 울리기도 했죠. 결국 아이가 진정할 때까지 다른 곳으로 피해버리곤 했어요.
최근에야 정서적으로 먼저 교감하려고 노력해야 한다는 걸 배웠어요. 부모의 우뇌와 아이의 우뇌로 교감하는 이 방법은 저에게는 완전히 낯선 것이었지요. 하지만 이제 저는 아들을 안고 말을 들어주고, 아이가 양쪽 뇌를 함께 사용해서 자기 경험을 말하도록 도와주기도 합니다. 그런 다음에는 어떻게 행동할지 이야기하거나 문제를 해결하지요. 교감이 먼저이고 문제 해결이 그다음이라는 사실을 잊지 않으려고 노력해요.
연습이 조금 필요하기는 했지만, 좌뇌만 사용하지 않고 우뇌를 함께 사용해서 아들과 정서적인 관계를 맺으니 모든 일이 부드럽게 풀리더군요. 아들과 저의 관계도 좋아졌어요.

• • •

엄마가 깨달은 점은, 그동안 우뇌를 외면함으로써 아이와 깊이 교감하고 아이의 우뇌를 발달시켜줄 중요한 기회를 놓쳤다는 사실이다.

아이의 뇌 통합을 촉진하는 최선의 방법은 사실 부모의 뇌가 더욱 잘 통합되는 것이다. (이에 대해서는 6장에서 거울 뉴런을 설명할 때 자세히 다룰 것이다.) 좌뇌와 우뇌가 잘 통합되면, 두 가지 관점의 양육을 모두 생각해볼 수 있다. 먼저 중요한 결정을 내리고 문제를 잘 해결하는 현실적이고 합리적인 좌뇌 중심적 태도가 있다. 그리고 감정과 신체감각을 인식하고 감정적으로 교감하는 우뇌 중심적 태도가 있다. 좌뇌와 우뇌가 통합되면 이 두 가지 태도를 모두 취하면서 양육할 수 있고, 결과적으로 자녀의 욕구에 더욱 성실하게 대응해줄 수 있다. 이것이 바로 전뇌적 양육이다.

말 해 주 기

감정을 표현하는 게 왜 중요할까?

몇 가지 예를 통해 자녀의 좌뇌와 우뇌를 통합하도록 도와주는 방법을 살펴보았다. 놀랍게도 방금 다룬 기본적이고 실용적인 뇌과학 지식을 자녀에게 이야기해주거나 설명해주는 것도 도움이 된다. 다음에 나오는 내용을 자녀와 함께 읽어보는 것도 좋다. 이 내용은 주로 5세에서 9세까지의 아동을 대상으로 하지만, 아이의 발달단계나 나이에 맞게 수정해서 사용해도 좋다.

우리 뇌가 여러 부분으로 되어 있고 각자 다른 일을 한다는 걸 알고 있니? 하나하나 다른 마음이 들어 있는 뇌가 여러 개 있는 것이나 마찬가지야. 하지만 우리는 이 여러 개의 뇌가 잘 어우러지고 서로 돕도록 할 수 있어.

우뇌는 뇌의 여러 부분들과 우리 몸에 귀를 기울이고, 행복함, 용감함, 무서움, 슬픔, 화남 등과 같이 격한 감정에 대해 안단다. 이런 감정에 신경을 써주고 감정에 대해 이야기하는 일은 중요해.
가끔 화나는 일이 있을 때 그 일에 대해 이야기하지 않고 넘어가면, 감정은 속에 쌓이고 쌓여서 우리를 휩쓸어버리는 파도처럼 커진단다. 그래서 우리가 의도하지 않았던 말이나 행동을 하게 되는 거야.
그런데 좌뇌가 감정을 말로 표현하게끔 도와주지. 그러면 뇌는 한 팀처럼 다 같이 움직일 수 있고, 우리는 차분해지게 된단다.

예를 들어볼까?

애니는 몸이 아파서 친구의 생일 파티에 갈 수가 없었어. 꼼짝없이 집에 있게 된 애니는 화가 많이 났고, 커다란 분노의 파도가 더욱 커지고 커져서 애니를 막 덮치려고 했어.
"그 애는 저랑 가장 친한 친구란 말예요. 생일 파티에 못 가면 이제 다른 친구랑 가장 친하게 될 거예요."
애니의 아빠는 애니가 자기의 감정에 대해 이야기하도록 도와줬어. 애니가 감정을 표현하기 위해 언어를 사용했을 때, 좌뇌는 애니가 우뇌에서 느낀 커다란 분노의 파도를 탈 수 있도록 도와주었어. 그렇게 애니는 파도를 타고서 차분하고 행복하게 바닷가로 갔단다.

3장

아이는 왜 매일 다를까?

본능적인 하위 뇌, 진화된 상위 뇌

어느 날 오후 질은 여섯 살 난 아들 그랜트의 방에서 울려 퍼지는 고함 소리를 들었다. 네 살인 그레이시가 오빠의 보물 상자를 발견하고는 상자 속에서 오빠가 가장 아끼는 수정 구슬을 꺼냈다가 잃어버린 것이다. 질은 마침 그레이시가 "그냥 바보 같은 돌멩이잖아. 잃어버려서 잘됐다!"라며 악을 쓰며 못되게 구는 순간에 도착했다. 질은 새빨개진 얼굴로 주먹을 꽉 쥐고 있는 어린 아들을 바라보았다. 아마 여러분도 차분하던 아이가 곧 험악해지려는 이런 순간을 겪어보았을 것이다. 아직은 평화롭게 해결할 수 있는 상태이지만 난장판이 되거나 폭력까지 등장하는 상황으로 기울 수도 있다. 상황은 아이가 충동을 제어하느냐, 격렬한 감정을 가라앉히느냐, 이 두 가지 중 어떤 선택을 하느냐에 전적으로 달려 있다.

이 상황에서 질은 곧 무슨 일이 일어나려는지 바로 알아차렸다. 통제하기 힘든 상태로 치닫고 있는 그랜트는 올바른 결정을 내리지 못할 것이다. 질은 그랜트의 눈에서 분노를 보았고, 목구멍 깊숙이 거칠게 으르렁거리기 시작하는 소리를 들었다. 질은 그랜트가 여동생의 몇 미터 앞까지 돌진하는 동안 그랜트의 걸음을 따라잡았다.

다행히 질이 조금 빨라서, 그랜트가 그레이시에게 손을 뻗기 직전에 가로막을 수 있었다. 질은 순간적으로 그랜트를 안아 들었고, 그랜트는 소리를 지르면서 허공에 대고 주먹질과 발길질을 해댔다. 마침내 그랜트가 주먹질을 그만두자 그제야 질은 그랜트를 내려주었다. 그랜트는 눈물을 흘리면서, 자기를 사랑하고 잘 따르던 여동생을 바라보며 "넌 세상에서 가장 못된 동생이야"라고 조용히 말했다.

질은 우리에게 이 이야기를 할 때 그랜트의 마지막 말이 주효했다고 설명했다. 그랜트가 바라던 대로 그레이시가 극적으로 울음을 터뜨렸던 것이다. 질은 자기가 그 자리에 있어서 다행이라고 여겼다. 그러지 않았다면 그랜트가 그레이시에게 감정적인 고통뿐만 아니라 신체적인 고통까지 주었을 테니 말이다.

"전 아이들과 하루 종일 붙어 있을 수가 없어요. 함께 있지 않을 때도 옳은 행동을 하고 스스로 통제하는 법을 가르치려면 어떻게 해야 하죠?"

질이 우리에게 던진 질문은 부모들이 자주 묻는 질문이었다. 아이들에게 가르쳐줄 수 있는 가장 중요한 기술 중 하나는 그랜트처럼 격한 감정에 사로잡힌 상황에서도 올바른 결정을 내리는 법이다. 우리는 아이들이 행동하기 전에 잠시 멈추고, 결과를 고려하고, 다른 사람들의 감정을 헤아리고, 윤리적이고 도덕적으로 판단하기를 바란다. 아이들은 부모가 자랑스러워할 만한 행동을 해낼 때도 있고 그러지 못할 때도 있다.

왜 어떤 때는 아이들이 지혜롭게 행동하고, 어떤 때는 형편없이 행동할까? 왜 어떤 상황에서는 아이의 등을 토닥여주게 되고, 어떤 상황에서는 두 손 두 발 다 들게 되는 것일까? 아이가 매일, 또 매순간 다른 것에는 타당한 이유가 몇 가지 있는데, 이는 아이의 상위 뇌와 하위 뇌에서 일어나는 일을 바탕으로 한다.

• • •

뇌에 대해서는 여러 가지 방식으로 이야기할 수 있다. 2장에서는 뇌의 좌뇌와 우뇌에 초점을 맞추었다. 이제는 뇌를 상부와 하부로 살펴보려 한다.

우리 뇌를 아래층과 위층이 있는 집이라고 상상해보자. 아래층에 해당하는 하위 뇌는 뇌간brain stem과 변연계limbic region를 포함한다. 이들은 아래쪽 뇌로서 목 위쪽부터 콧대쯤에 걸쳐 있다. 과학자들은 이 하위 영역이 다른 뇌 부위보다 원시적이라고 말한다. 이 하위 영역에서 호흡과 눈 깜빡임 같은 기본적 기능, 싸움과 도주 같은 선천적인 반응, 충동과 분노와 두려움 같은 강한 감정을 담당하기 때문이다.

야구 경기를 관람하는데 파울볼이 관중석으로 날아와서 본능적으로 움찔할 때 이 하위 뇌가 제 역할을 한다. 유치원생 자녀에게 치과가 무섭지 않은 곳이라고 20분에 걸쳐 기껏 설득해놨더니 간호사가 대기실에 들어와 "마취 주사 놔야 해요"라고 아이 앞에서 말하는 바람에 화가 나서 얼굴이 달아오를 때도 하위 뇌가 반응한 것이다.

다른 강한 감정들, 신체 기능, 본능과 함께 분노의 감정도 하위 뇌에서 비롯된다. 하위 뇌는 가족들이 다양한 기본적 욕구를 충족하는 집 아래층과 같은 곳이다. 보통 이곳에는 부엌, 식당, 욕실 등이 있다. 아래층에서는 기본적이고 필수적인 일이 처리된다.

상위 뇌는 이와 완전히 다르다. 상위 뇌는 대뇌피질을 비롯한 다양한 부분으로 이루어져 있다. 이곳은 특히 중앙 전전두엽 피질middle prefrontal cortex이라고 불리는 부위를 포함하며 이마 바로 안쪽에 자리한다. 기본적인 기능을 하는 하위 뇌와 달리 상위 뇌는 더 진화되었고 세상을 넓은 시각으로 바라보게 해준다.

이곳은 창문과 천장의 채광창 덕분에 밝은 빛이 가득 들어와 사물이 훨씬 뚜렷하게 보이는 2층 서재쯤으로 상상하면 된다. 여기서는 생각, 상상, 계획 같은 복잡한 정신 작용이 일어난다. 원시적인 하위

| 상위 뇌와 하위 뇌 |

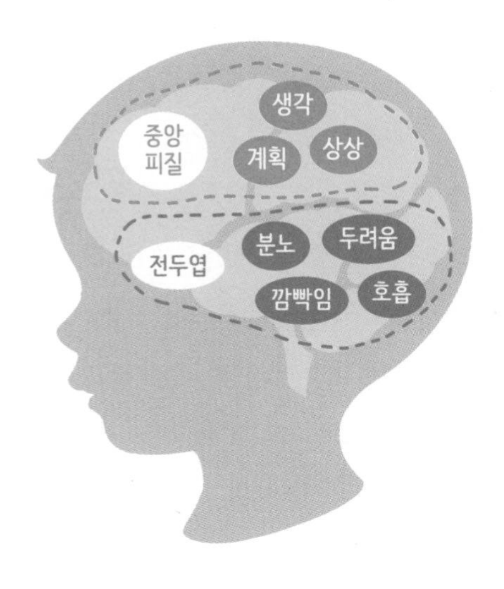

뇌와 달리 상위 뇌는 아주 정교하며, 가장 중요한 고차원적 정신 작용과 분석적 사고를 통제한다. 이런 정교함과 복잡함 덕분에 상위 뇌는 우리가 아이들에게 바라는 다양한 품성을 형성하는 역할을 맡는다.

- 올바르게 결정하고 계획하기
- 감정과 신체 통제하기
- 자신을 이해하기

- 공감 능력
- 도덕성

상위 뇌의 기능이 제대로 작동하는 아이는 성숙하고 건강한 사람들에게서 나타나는 가장 중요한 특징을 갖추게 된다. 아이가 초인적인 능력을 발휘하거나 어린 아이다운 행동을 전혀 안 하게 된다는 말은 아니다. 하지만 상위 뇌가 제대로 돌아가는 아이는 감정을 통제하고, 결과를 따져보고, 행동하기 전에 생각하고, 다른 사람의 감정을 고려할 수 있다. 이것들 모두 아이가 삶의 여러 영역에서 성공하는 데 도움이 되는 동시에 그 아이의 가족들이 날마다 마주치는 난관을 극복하는 데도 도움이 된다.

예상하다시피 사람의 뇌는 상위 뇌와 하위 뇌가 서로 통합되었을 때 최고의 능력을 발휘한다. 따라서 부모는 아이의 상위 뇌와 하위 뇌를 연결해주는 계단을 건설하고 튼튼하게 보강하여 상위·하위 뇌가 하나의 팀처럼 움직이도록 도와주는 것을 목표로 해야 한다.

완전히 제 기능을 하는 계단이 놓여 있다면 뇌의 상하부가 수직적으로 통합된 상태다. 이 상태는 상위 뇌가 하위 뇌의 움직임 하나하나를 지켜보고 하위 뇌에서 비롯하는 강한 반응이나 충동, 감정을 다스리는 것을 말한다.

한편, 수직적 통합은 다른 방향으로도 작용한다. 즉, 집의 토대에 해당하는 몸과 하위 뇌가 중요한 상향식bottom-up 공헌을 하도록 하는 것이다. 우리는 상위 뇌가 우리 몸과 감정, 본능을 전혀 반영하지 않은 채로 중요한 결정을 내리기를 바라지 않는다.

그보다는 상위 뇌를 사용해서 어떤 행동을 결정하기 전에 하위 뇌를 통해 느끼는 신체적 감각과 감정을 고려해야 한다. 이때 잘 통합되어 있다면 뇌의 상하부 영역이 자유롭게 교류한 내용이 결정에 반영된다. 통합은 계단을 만드는 데 도움을 줌으로써 뇌의 모든 영역이 하나의 전체로서 조화롭게 협력할 수 있도록 해준다.

아이에게 적절한 기대를 걸어라

아이 머릿속에 상위 뇌와 하위 뇌를 통합하는 것에 대해 현실적인 기대를 해야 하는 중요한 이유는 두 가지가 있다. 첫 번째 이유는 발달과 관련이 있다. 하위 뇌는 태어날 때부터 잘 발달된 상태인 반면, 상위 뇌는 20대 중반이 될 때까지도 완전히 성숙하지 않는다. 사실 상위 뇌는 가장 나중에 발달한다. 상위 뇌는 태어나서 몇 년 동안에 대대적인 공사를 겪지만 10대를 지나 성인기가 될 때까지도 기나긴 리모델링 기간을 거치게 된다.

뇌의 구조를 집에 비유하여 생각해보자. 아래층에는 가구가 완벽하게 갖추어져 있지만 위층에는 가구도 별로 없고 연장이 어질러져 있다. 게다가 지붕이 미처 완성되지 않아 하늘이 빼꼼히 보이기도 한다. 이곳이 바로 발달이 진행 중인 자녀의 상위 뇌다.

이것은 부모들이 이해해야 할 아주 중요한 정보이다. 앞서 열거했던 능력, 즉 올바르게 결정하고 계획하기, 감정과 신체 통제하기, 자신을 이해하기, 공감 능력, 도덕성 등 우리가 자녀에게 기대하고 바라는 행동 및 기술을 좌우하는 뇌의 부위가 아직 완전히 발달하지 않았다는 얘기다. 상위 뇌는 발달하는 중이기 때문에 항상 온전한 기능을 발휘하지는 못한다.

다시 말해, 상위 뇌가 하위 뇌와 통합되지 못한 상태이므로 꾸준히 최고의 능력을 발휘할 수 없다는 것이다. 그래서 아이들은 상위 뇌를 사용하지 못하고 하위 뇌에 발목이 잡히기 쉬우며, 그 결과 자제력을 잃고 버럭 화를 내거나 올바른 결정을 내리지 못하거나 전반적으로 공감 능력과 자기 이해력이 부족한 모습을 보이게 된다.

이처럼 아이들이 뇌의 상부와 하부를 함께 사용하는 데 서툰 이유 중 첫째는 상위 뇌가 아직 발달하는 중이기 때문이다. 상위 뇌와 하위 뇌를 통합하는 것이 중요한 두 번째 이유는 하위 뇌의 한 부분, 바로 편도체amygdala와 관련이 있기 때문이다.

자, 이제 아이들의 대인관계와 정서를 관장하는 편도체에 대해 살펴보자.

생각보다 행동이 먼저 나오는 이유

변연계의 한 부분이자 '머릿속의 안전문'이라 할 수 있는 편도체는 크기가 아몬드만 하며, 하위 뇌에 해당한다. 편도체는 감정을 재빨리 처리하고 표현하는 역할을 하는데, 특히 분노와 공포를 다룬다. 이 작은 회색 덩어리는 뇌의 감시인으로서 항상 위협 상황에 대비하고 있으며, 위험을 느끼면 상위 뇌를 완전히 장악할 수 있다.

생각하기도 전에 행동이 불쑥 튀어나오게 만드는 것이 바로 편도체다. 편도체는 운전하다가 급정거할 때 옆 사람을 보호하기 위해 팔을 뻗게 하는 부위다. 저자인 대니얼이 어린 아들과 하이킹을 했을 때 몇 미터 앞에 방울뱀이 있다는 것을 의식적으로 알기 전에 "멈줘!"라고 소리치게끔 만든 부위이기도 하다.

생각하기 전에 행동하는 것이 나을 때도 분명히 있다. 이런 상황에서 대니얼이 가장 피해야 하는 일은 상위 뇌에서 고차원적 책략을 훑어보거나 비용 편의 분석 따위를 하는 것이다.

"안 돼! 우리 아이 앞에 뱀이 있네. 지금 경고를 해줘야겠어."

이렇게 인지 과정을 거쳐서 경고를 해줘야겠다는 결정을 내리지 말고, 하위 뇌의 한 부분인 편도체에게 상황을 맡기고, 의식적으로 알아채기도 전에 소리치게 만든 편도체가 하는 대로 놔두어야 한다.

위험한 상황에 처했을 때 생각에 앞서 행동하는 것은 분명 좋은 일이다. 하지만 카풀을 할 때 노 웨이팅 룰no-waiting rule(길가에 차를 세워두고 차 탈 사람을 기다리면 차선 하나가 막혀버리므로 일정한 구간에서는 차를 세우면 안 된다는 규칙)을 지키지 않는 사람들을 보고 차에서 뛰쳐나가 소리를 지르는 경우처럼, 정상적이고 일상적인 상황에서는 생각하기 전에 행동하거나 반응하는 것이 결코 좋지 않다.

이런 행동을 흔히 '뚜껑이 열린다', '눈이 뒤집힌다'라고 표현한다. 이처럼 편도체는 하위 뇌를 장악하고 본분에서 벗어나게 만들어 우리를 곤란하게 만들기도 한다. 정말로 위급한 상황이 아니라면 우리도 행동부터 하기에 앞서 먼저 생각하고 싶어 한다.

우리가 자녀에게 기대하는 것도 이와 같다. 하지만 문제는 아이들의 경우 편도체가 자주 활성화되어 상위 뇌와 하위 뇌를 연결하는 계단을 막아버린다는 점이다. 마치 상위 뇌와 연결된 계단이 아기용 안전문으로 차단되어 상위 뇌로의 접근이 여의치 않게 되는 형국이다. 여기에 조금 전에 언급한 다른 문제도 등장한다. 상위 뇌가 아직 성숙하지 못했을 뿐만 아니라, 격한 감정이나 스트레스를 느낄 때는 제대로 기능을 발휘하던 부위마저 사용할 수 없는 상태가 돼버린다는 것이다.

냉장고에 오렌지맛 아이스크림이 없다고 세 살짜리 아이가 분통을 터뜨린다면, 뇌간과 편도체를 포함하는 하위 뇌가 작동하기 시작해서 아기용 안전문을 닫은 것이다. 갑자기 강한 에너지를 받은 이 원시적인 뇌는 아이가 말 그대로 차분하고 합리적으로 행동할 수 없게 만든다. 뇌에서 끌어다 쓸 수 있는 자원이 하위 뇌로 대거 몰려갔기 때문에 상위 뇌로 갈 힘이 얼마 남지 않았다.

지난번에 아이가 오렌지맛보다 좋다고 했던 포도맛 아이스크림이 많이 있다는 말도 아무 소용이 없다. 그 순간 아이는 그 말을 들으려 하지 않을 테고, 물건을 집어 던지거나 가까이 있는 사람에게 소리지를 가능성이 크다.

알다시피 이런 상황에 처했을 때 아이를 진정시켜 이 위기(아이의 머릿속에서 이 상황은 진짜 위기다.)를 넘기는 가장 좋은 방법은 아이를 달래고 주의를 다른 곳으로 돌리는 것이다. 아이를 안고 다른 방에 가서 흥밋거리를 보여주거나, 우스꽝스럽거나 엉뚱한 행동을 해서 상황을 바꿀 수도 있다. 이러한 행동으로 부모는 아이가 안전문을 열도록 도와줄 수 있다. 그러면 아이는 상위 뇌를 사용하여 점차 진정할 수 있게 된다.

분노가 아니라 두려움이 문제가 될 때도 마찬가지다. 활발하고 뛰어 놀기 좋아하는 일곱 살짜리 아이가 자전거 타기를 배우지 않으려고 하는 상황을 떠올려보자. 아이의 편도체가 지독한 두려움을 만들어내는 바람에 아이는 잘하고도 남을 일을 시도조차 하지 않게 된다. 그 아이의 편도체는 상위·하위 뇌를 잇는 계단에 안전문을 닫아걸었을 뿐만 아니라 공, 스케이트, 책, 신발 같은 것들로 계단을 어지럽혀 놓았다.

과거의 무서운 경험에서 오는 이런 장애물들은 상위 뇌를 사용할 수 없게 만든다. 하지만 이런 상황에서도 상위 뇌로 가는 통로를 다시 뚫을 전략이 몇 가지 있다. 부모는 아이가 새롭게 도전을 감행할 때 보상을 해주겠다고 설득할 수 있고, 부모 자신의 두려움을 인정하고 그에 대해 이야기할 수 있고, 아이 스스로 두려움을 정복하도록 도울 만한 동기를 부여할 수 있다. 넘어져 다칠지 모른다고 소리치는 편도체를 아이 스스로 진정시키고 상위 뇌로 가는 통로를 뚫도록 도와주는 데 효과적인 접근법은 얼마든지 있다.

상위 뇌에 꾸준히 접속하기 어려운 아이들을 키우는 부모에게 이러한 내용이 어떤 의미일지 생각해보자. 아이들이 항상 합리적이고, 감정을 잘 조절하고, 올바른 결정을 내리고, 행동하기 전에 생각하고, 공감을 잘하리라는 기대는 비현실적이다. 이 모든 일들은 잘 발달한 상위 뇌의 도움을 받아야만 가능하다.

대개 아이들은 나이에 따라 정도의 차이를 보이며 이러한 특질을 조금씩 나타낼 수 있다. 하지만 '항상' 그럴 수 있는 생물학적 능력은 대부분 없다. 상위 뇌를 사용할 수 있을 때도 있고 그러지 못할 때도 있다. 우리가 이 사실을 인정하고 기대를 적당히 조절한다면 아이들이 당시 자기 뇌의 상태로 할 수 있는 최선을 다하는 경우가 많음을 알게 될 것이다.

아이들이 상위 뇌에 접속할 수는 없다는 이유로 항상 아이들에게 면죄부를 줄 수는 없겠지만, 아이들이 적절한 행동을 할 만한 능력을 계발하고 있음을 알고 있기에 부모들이 지켜보고 이해할 수 있게 된다. 또한 아이들이 짜증을 낼 때처럼 격앙된 분위기에서 상당히 효과적인 전략을 제공하기도 한다.

상위 뇌, 하위 뇌에서 비롯하는 짜증은 다르다

아이를 키울 때 가장 싫고 무시무시한 것은 '짜증'이다. 집에서든 바깥에서든 눈에 넣어도 아프지 않을 사랑스러운 아이가 순식간에 세상에서 가장 꼴 보기 싫고 밉살스러운 존재가 되어버리고 만다.

대개 부모들은 아이들이 짜증을 낼 때 좋은 대응책은 한 가지뿐이라고 배웠다. 바로 '무시하기'이다. 아이들의 짜증을 무시하지 않고 받아준다면 짜증 내기가 부모에게 휘두를 수 있는 강력한 무기임을 아이들에게 알려주는 셈이다. 아이들은 그 무기를 휘두르고 또 휘두를 것이다.

하지만 여러분이 뇌에 대해 새로 알게 된 지식으로 미루어볼 때,

아이의 짜증에 어떻게 대응해야 할까? 상위 뇌와 하위 뇌에 대해 안다면 짜증에도 두 가지 유형이 있음을 이해하게 된다.

첫 번째 유형은 상위 뇌에서 비롯하는 짜증이다. 이것은 반드시 아이가 성질을 부리기로 스스로 결정했을 때 일어나는 일이다. 아이가 생각을 행동에 옮기고, 자기가 원하는 것을 얻을 때까지 부모를 위협하는 것은 의도적인 선택이다. 아이는 자기가 원하기만 하면 바로 짜증 내기를 멈출 수 있다. 부모가 아이의 요구에 굴복하거나 혹은 아이가 누리고 있는 특권을 잃게 될 것임을 알려준다면 아이가 짜증 내기를 멈출 수 있다.

아이가 짜증을 멈춘 이유는 그 순간 상위 뇌를 사용하고 있기 때문이다. 아이는 자신의 감정과 신체를 통제하고 논리적으로 생각하여 올바른 결정을 내릴 수 있는 상태이다. 쇼핑몰 한복판에서 "지금 당장 저 공주 슬리퍼 사 달라고!"라고 악쓰며 떼를 부릴 때 아이가 완전히 이성을 잃은 듯 보일 수도 있다. 하지만 여러분도 알아챘듯이, 아이는 자신의 행동을 인지하고 있으며 원하는 목적을 달성하기 위해 교묘한 속임수와 전략을 쓰고 있는 것이다. 여러분이 만사 제쳐두고 당장 그 슬리퍼를 사게끔 하기 위해서 말이다.

이것이 상위 뇌에서 비롯하는 짜증임을 인지한 부모에게는 한 가지 확실한 대응책이 남는다. 이 꼬마 테러리스트와 무슨 일이 있어도 협상하지 말라는 것이다. 상위 뇌에서 비롯하는 짜증을 다루려면 단호하게 선을 긋고 적절한 행동과 부적절한 행동에 대해 분명하게 논의해야 한다. 이런 상황에서 적절한 대응은 다음과 같이 차분하게 설명하는 것이다.

"네가 저 슬리퍼를 갖고 싶어서 흥분된 마음은 알겠어. 그런데 엄마·아빠는 네가 행동하는 방식이 마음에 들지 않아. 당장 그만두지 않으면 넌 슬리퍼를 갖지 못하게 될 거고, 엄만·아빤 너랑 오후에 놀아주기로 한 약속을 취소할 거야. 네가 스스로를 잘 추스르지 못하니까 엄마·아빠도 어쩔 수 없어."

이렇게 말했는데도 아이가 행동을 멈추지 않으면 말한 대로 밀고 나가는 것이 중요하다. 이렇게 허용 한도를 확고하게 정함으로써 아이가 자신의 부적절한 행동에 따르는 결과를 이해하고 충동을 통제하는 법을 배우도록 연습시키는 것이다. 또한 정중한 의사 표현과 인내, 미래에 좀 더 값진 보상을 받기 위해 기다리는 것은 성과를 거두지만, 그 반대의 행동은 그렇지 못하다는 사실을 가르치는 셈이다. 이것은 발달 중인 아이들의 두뇌에 중요한 경험이다.

부모가 자녀의 나이에 상관없이 상위 뇌에서 비롯하는 짜증에 항복하지 않는다면, 이제 그런 짜증과 종종 마주치는 일은 없어질 것이다. 상위 뇌에서 비롯하는 짜증은 의도적이기 때문에, 그것이 효과가 없을뿐더러 오히려 나쁜 결과를 낳는다는 점을 아이들이 알게 되면 다시 그 전략을 쓰지 않게 된다.

두 번째 유형은 하위 뇌에서 비롯하는 짜증이다. 하위 뇌에서 비롯하는 짜증은 완전히 다르다. 여기 한 아이가 있다. 아이는 너무나 화가 난 나머지 상위 뇌를 쓸 수 없는 상태다. 이제 막 걸음마를 시작한 아이는 머리를 감겨주려고 머리에 물을 뿌리자 화가 나서 소리 지르고 욕조에서 장난감을 집어 던지며 당신에게 주먹을 마구 휘두른다. 이때는 아이의 하위 뇌, 특히 편도체가 상위 뇌를 장악한 것이다.

지금 이 아이는 통합된 상태와는 완전히 거리가 멀다. 스트레스 호르몬을 조그만 몸 전체로 뿜어내는 이 모습은 사실상 아이의 상위 뇌가 제대로 작동하지 않고 있음을 뜻한다. 적어도 그 순간, 아이는 말 그대로 자기 몸과 감정을 통제할 수 없고 결과를 생각해보거나 문제를 해결하려거나 다른 사람의 감정을 고려하는 등 고차원적인 사고를 할 수도 없다.

아이는 이른바 '뚜껑이 열린' 것이다. 상위 뇌로 가는 계단이 안전문으로 막혀버려서 전체 뇌를 사용할 수가 없다. 아이가 '완전히 이성을 잃었다'라든가 '정신이 나갔다'라고 말할 수도 있다. 그런데 그 말은 생각보다 신경학적으로 정확한 표현이다!

아이가 비非통합 상태에 있고 하위 뇌에서 비롯하는 짜증을 심하게 부리는 경우에는 부모로서의 대응도 완전히 달라져야 한다. 상위 뇌에서 비롯한 짜증을 내는 아이에게는 빠르고 단호하게 선을 그어야 하는 반면, 하위 뇌에서 비롯하는 짜증에는 다정하고 편안하게 대응하는 편이 적절하다.

2장에서 살펴본 '교감과 방향 재설정' 기법에서 부모가 해야 할 첫 번째 조치는, 아이와 교감하는 한편 그 아이가 스스로 진정하게끔 도와주는 일이었다. 이러한 조치에는 달래는 듯한 억양과 부드러운 손길이 효과적이다. 때로 아이의 행동이 도를 넘어서 자신이나 다른 사람을 해치고 물건을 부술 위험이 있다면, 아이를 그 상황에서 멀리 떼어놓으면서 꼭 안아주고 조용히 이야기하며 달래야 할 것이다.

자녀의 기질에 따라 다양한 접근법을 시도해볼 수 있지만, 가장 중요한 점은 아이를 달래고 혼란의 강둑에서 멀어지도록 해주는 것이다. 이 상황에서 아이에게 행동의 결과가 어떨지, 적절한 행동이 무엇인지 이야기하는 것은 아무 소용이 없다.

아이가 하위 뇌에서 비롯하는 짜증을 부릴 때에는 그런 정보를 전혀 처리하지 못한다. 적절한 행동에 대한 대화를 하려면 정보를 잘 듣고 이해할 수 있는 상위 뇌를 작동시켜야 하기 때문이다. 따라서 자녀의 하위 뇌가 상위 뇌를 장악한 경우 부모가 우선해야 할 과제는 아이의 편도체를 진정시키는 일이다.

상위 뇌가 다시 가동되면 부모는 다음과 같이 이성적이고 논리적으로 대응할 수 있다.

"아빠가 그런 식으로 머리를 감겨주려고 한 게 맘에 안 들었니? 다음에 머리를 감길 때는 어떻게 해야 할까?"

아이가 좀 더 이야기를 받아들이기 쉬운 상태가 되면 적절한 행동과 부적절한 행동, 행동의 결과에 대해서도 대화를 나눌 수 있다. 이를테면 이런 식으로 말이다.

"얼굴에 물을 뿌려서 네가 정말 많이 화났다는 거 알겠어. 하지만 화가 난다고 해서 다른 사람을 때려서는 안 돼. 아빠한테 '이렇게 하는 거 싫어요. 하지 마세요'라고 말할 수도 있잖니."

이제 부모는 훈육할 때 권위를 잃지 않을 수 있다. 이 점이 중요하다. 이렇게 하려면 부모가 많이 알아야 하고 자애로운 태도를 취해야 한다. 그러면 아이의 뇌는 기꺼이 배우려는 수용적인 태도를 취하기 때문에 그 교훈을 더욱 쉽게 체득할 수 있다.

경험이 풍부한 부모라면 알겠지만, '뚜껑이 열리는' 상태는 걸음마 시기의 아기에게만 나타나는 것이 아니다. 열 살짜리 아이가 그럴 경우 상황이 다소 다르게 보일 수 있겠지만, 나이가 몇 살이든 심지어 성인이 되어서도 감정이 격한 상태에서는 하위 뇌가 상위 뇌를 장악하곤 한다.

자녀를 효과적으로 훈육하려면 상위 뇌와 하위 뇌, 그리고 상위·하위 뇌에서 비롯하는 짜증에 대해 인식하는 것이 중요하다. 이러한 지식이 있으면 아이에게 선을 그어야 할 때가 언제인지, 아이가 상위 뇌에 접속하는 데 도움이 되도록 다정하고 자애롭게 대해주어야 할 때가 언제인지 명확하게 알 수 있다.

짜증 문제는 상위·하위 뇌에 대한 지식이 얼마나 실용적인지 보여주는 하나의 사례에 불과하다. 이제 자녀의 상위 뇌를 계발하여 우수한 능력을 발휘하도록 하는 동시에 하위 뇌와 더 잘 통합하도록 도와줄 방법에 대해 이야기해보려고 한다.

습관
03

아이에게 생각할 기회를 부여하라

하위 뇌를 자극하여 격분하게 만들기

아이 엄마 미워!
엄마 그렇게 말하면 안 돼. 한 번만 더 그렇게 말했다가는 혼내줄 거야.

NG!

상위 뇌를 사용하게 유도하기

아이 엄마 미워!
엄마 너 정말 많이 화났구나! 엄마가 목걸이 안 사줘서 그러니?
아이 그래! 엄마 나빠!
엄마 그 목걸이는 파는 물건이 아니었잖아. 계속 화난 상태로 있어도 상관없지만, 너만 원한다면 우리 둘이서 문제를 해결하고 다른 좋은 방법을 생각해볼 수도 있어.
아이 어떻게 하는데?

OK!

하루 종일 아이와 함께 지내는 동안 부모가 아이의 어느 쪽 뇌를 자극하고 있는지 스스로에게 물어보자. 아이의 상위 뇌를 작동시키고 있는가, 아니면 하위 뇌를 작동시키고 있는가? 질문의 대답에 따라 여러분이 조심스럽게 균형을 잡으며 아이를 양육하는 매 순간의 결과물이 크게 달라질 수 있다. 다음 내용은 저자인 티나가 그런 순간에 처했던 경험이다.

멕시코 식당에서 식사를 하던 날의 일이다. 티나는 네 살 난 아들이 식탁에서 서너 발짝 떨어진 기둥 뒤에 서 있다는 것을 알아챘다. 평소 사랑스러운 아이였지만, 반항적인 표정으로 식탁을 향해 계속 혀를 내밀어대는 아이를 보니 '사랑스러운'이라는 말이 머리에서 사라져버렸다.

주변에서 식사하던 몇몇 사람들이 이 상황을 눈치채고 부모가 상황을 어떻게 해결하는지 확인하려는 듯 티나와 그녀의 남편 스콧을 쳐다보았다. 마치 아이에게 식당 예절을 강압적으로 가르치기를 기대하기라도 하듯 비난의 눈길과 압박이 느껴졌다.

아이에게 걸어가 눈높이에 맞춰 몸을 굽히면서 티나에게 두 가지 선택지가 있음을 알았다. 첫 번째 대책은 이러했다. 기존의 '명령하고 요구하기' 노선을 택하고 엄격한 억양으로 위협을 가하는 것이다.

"이상한 표정 그만 지어. 자리에 앉아서 얌전히 밥 먹지 않으면 아이스크림은 없을 줄 알아."

첫 번째 대책이 부모로서 적절한 대응일 때가 가끔 있다. 하지만 이렇게 언어적-비언어적으로 대립하는 상황은 과학자들이 '파충류 뇌'라고 부르는 하위 뇌에서 반응할 수 있는 온갖 감정들을 건드리고 말았을 것이다. 결국 아이는 마치 공격받은 파충류처럼 저항했을 것이다.

두 번째 대책은 저항이나 즉각적인 반응이 아니라 생각이 포함된 반응을 이끌어내려는 시도, 즉 아이의 상위 뇌에 접근하는 것이었다. 이 일이 있었던 전날 티나는 부모들을 대상으로 상위 뇌와 하위 뇌, 그리고 일상에서 겪는 위기 상황을 도리어 성공적인 기회로 활용하는 법에 대해 강의를 했다. 아이 입장에서는 운 좋게도, 강의했던 내용이 티나의 머릿속에 생생히 남아 있었다. 따라서 두 번째 대책을 선택하기로 했다.

티나는 '교감과 방향 재설정'을 기억하여 아이의 상황을 관찰한 것으로 이야기를 시작했다.

"너 화난 것 같은데, 맞니?"

아이는 신경질적으로 얼굴을 벅벅 문지르더니 다시 혀를 삐쭉 내밀고는 크게 소리쳤다.

"그래요!"

티나는 내심 아이가 그쯤에서 멈춘 것에 안도했다. 그리고 아이에게 왜 화가 났는지 물어보았다. 아이가 화가 난 것은 아이스크림을 먹으려면 먼저 퀘사디야를 적어도 절반은 먹어야 한다는 아빠의 말 때문이었다. 그게 얼마나 낙담할 만한 일인지 알겠다고 설명한 뒤 이렇게 말했다.

"음, 아빠는 협상을 정말 잘하셔. 네가 생각하기에 얼마나 먹는 게 적당할지 정해서 아빠에게 말해봐. 좋은 생각을 해내는 데 도움이 필요하면 엄마한테 귀띔하렴."

아이의 머리를 쓰다듬고 자리로 돌아와서는 다시금 사랑스러워진 아이가 뭔가 열심히 생각하는 걸 지켜보았다. 분명 아이는 상위 뇌에 접속했다. 사실 상위 뇌는 하위 뇌와 싸우는 중이었다. 그때까지 폭발은 피했지만 마치 아이의 머릿속에서 도화선이 타들어가고 있는 것만 같았다.

15초쯤 지나자 아이는 식탁 앞으로 와서 볼멘소리로 말했다.

"아빠, 전 퀘사디아를 반이나 먹고 싶지 않아요. 하지만 아이스크림은 먹고 싶어요."

티나의 남편은 그녀의 대응책에 딱 들어맞게 반응했다.

"그래? 그럼 얼마만큼이 적당한 것 같니?"

아이는 단호하게 마음먹은 듯 천천히 입을 뗐다.

"한 마디로 대답할게요. 열 입이요."

한 마디가 아니라 두 마디였던 이 대답이 더 우스운 이유는 열 입 먹는다는 말이 결국엔 퀘사디야를 족히 절반 이상 먹겠다는 뜻이었기 때문이다. 남편은 그 제안을 받아들였고, 아이는 즐겁게 퀘사디야를 열 입 먹어치우고 나서 아이스크림을 먹었다. 티나의 가족과 식당의 다른 손님들은 더 이상의 소동 없이 점심 식사를 즐겼다. 아이의 하위 뇌는 상위 뇌를 완전히 장악하지 못했다. 다행히 상위 뇌가 이겼던 것이다.

다시 첫 번째 대책을 생각해보자. 첫 번째 대책도 상황에 따라 적절한 대책이 될 수도 있었지만, 아마도 첫 번째 대책을 선택했더라면 기회를 놓쳤을 것이다. 아이는 인간관계가 결국 교감과 의사소통, 타협에 관한 것이라는 사실을 깨달을 기회를 놓쳤을 것이다.

자신이 선택을 할 수 있고, 주변 환경에 영향을 끼칠 수 있으며, 문제를 해결할 수 있다는 일종의 권한을 부여받았다고 느낄 수도 없었을 것이다. 요컨대 상위 뇌를 계발하고 훈련할 기회를 놓쳤을 것이다.

또한, 두 번째 대책을 선택하긴 했지만 티나와 남편은 그 사건에서 '버릇없는 행동' 부분은 따로 다루었다는 점을 언급하고 싶다. 아이가 자신을 제어할 수 있고 부모가 설명하는 부분을 받아들일 수 있는 상태가 되자마자 공손한 태도와 식당에서의 예절이 얼마나 중요한지 이야기해주었다.

• • •

이 이야기는 단순히 상위·하위 뇌에 대한 지식이 자녀 양육과 훈육 방식에 얼마나 직접적이고 즉각적인 영향을 끼치는지 보여주는 사례이다. 여기서 주목해야 할 것은 문제에 직면할 때 '지금 나는 어느 쪽 뇌를 작동시키고자 하는가?'라고 스스로 물어봤다는 점이다.

티나는 아들에게 당장 행동을 고치라고 요구함으로써 원하는 바를 얻을 수도 있었다. 티나에게는 충분히 권위가 있었기 때문에 아이는 비록 분하더라도 엄마의 말에 따랐을 것이다. 하지만 그런 접근법은 하위 뇌를 자극하여 아이의 마음속에서 억울함과 분노가 타오르게 만들었을 것이다. 대신 티나는 아이가 상황을 충분히 생각하고 아빠와 협상할 방법을 찾아보게 함으로써 상위 뇌를 작동시켰다.

여기서 한 가지는 분명히 알아야 한다. 바로 자녀와 소통할 때 협상의 여지가 없는 경우도 있다는 사실이다. 아이들은 부모의 권위를 존중해야 한다. 부모가 "안 된다"고 말하면 어쩔 수 없이 받아들여야 할 때가 있다는 얘기다.

또한 아이들이 용납할 수 없는 제안을 하는 경우도 가끔 있다. 티나의 네 살짜리 아들이 점심 식사로 퀘사디야를 한 입만 먹겠다고 했다면 아빠는 그 제안을 받아들이지 않았을 것이다.

하지만 우리는 자녀를 양육하고 훈육하면서 아이들의 상위 뇌를 계발하고 작동시키는 방식으로 소통할 기회를 꽤 많이 얻는다. 위의 대화에서, 엄마가 아이의 하위 뇌를 자극하여 격분하게 만드는 최후통첩을 하지 않기 위해 어떻게 했는지 살펴보자. 하위 뇌를 자극하는 대신, 아이 엄마는 딸이 정확하고 구체적인 단어를 사용하여 감정을 표현하도록 유도했다.

"엄마가 목걸이 안 사줘서 그러니?"라고 아이에게 이야기를 유도한 다음 딸에게 엄마와 함께 문제를 해결해보겠느냐고 물었다. 딸이 "어떻게 하는데?"라고 되물었을 때 엄마는 아이가 상위 뇌에 접속했음을 감지했다.

이제 아이는 방금 전까지만 해도 할 수 없었던 방식으로 엄마와 문제에 대해 이야기를 나눌 수 있다. 이 둘은 가게에서 다른 목걸이를 산다거나 집에서 목걸이를 만들어보자는 등 함께 다른 방법을 떠올릴 수 있다. 이쯤 되면 화가 났을 때에는 어떤 식으로 말해야 하는지 딸에게 가르쳐줄 수도 있다.

"엄마를 설득해봐"라든가 "우리 둘 다 만족할 수 있는 해결책을 생각해보렴"이라고 말할 때마다 자녀들에게 문제 해결과 의사 결정을 연습할 기회를 주는 셈이다. 부모는 아이들이 적절한 행동과 그에 따르는 결과를 생각해볼 수 있게끔 도와주고, 다른 사람들이 어떻게 느끼며 무엇을 원하는지 생각해보도록 이끌어준다. 이 모든 것이 하위 뇌를 격분케 하는 대신 상위 뇌를 작동시키는 방법을 발견했기 때문이다.

단계별 코칭 3

생각하는 힘을 기르는 두뇌 습관

아이의 스트레스 수준이 높은 상황에서는 반응이 앞서는 하위 뇌를 자극하지 말고 아이에게 생각, 계획, 선택 등을 하게 해서 상위 뇌를 쓰도록 한다.

❶ 영유아(0~3세)

- "안 돼"는 정말 필요할 때 쓰기 위해 아껴둬라. "안 돼"라는 말을 좋아하는 사람은 없다. 특히 어린 아이들에게 "안 돼"는 자주 쓰면 효과가 현저히 떨어진다. 되도록 아이와의 노골적인 힘 대결은 피하는 편이 좋다.
- 아이가 막대기로 거울을 두드릴 때 못하게 막으려는 내면의 목소리가 들리면 즉시 그만두자. 그 대신 상위 뇌를 끌어들여보길 권한다.

  예시 "우리 밖에 나가자. 마당에서는 그 막대기로 뭘 할 수 있을까?"

❷ 미취학 아동(3~6세)

- 아이가 화가 났다면 창의력을 발휘해보자. 이때 아이가 상위 뇌를 사용해서 대안을 생각해내면 아이를 칭찬해줘라.

  예시 "그런 식으로 하면 안 돼." → "네가 그 문제를 다룰 수 있는 다른 방법은 뭘까?"

"너 말하는 태도가 맘에 안 들어." → "그 말을 다른 식으로 할 수는 없을까? 좀 더 예의 바른 방식으로 말이야."

- 힘겨루기를 피하는 데 도움이 되는 좋은 질문을 하라.

예시 "우리 둘 다 원하는 걸 얻을 방법을 생각해낼 수 있겠니?"

❸ 초등학교 저학년(6~9세)

- 항상 그렇듯 교감하라. 이유를 설명하고, 질문을 받고, 대안적 해결책을 요구하고, 협상도 하라.
- "내가 하라면 해!" 카드를 내밀어서는 안 된다. 아이의 상위 뇌는 이제 막 피어나고 있으므로 제 역할을 하도록 해주는 것이 좋다.
- 이 관계에서 권위는 부모에게 있으므로 무례한 태도는 용납할 수 없지만, 훈육이나 가르침에 대해 다른 접근법을 내놓도록 아이를 격려해주자. 우리가 더 복잡하고 복합적인 생각을 기대하고 허용해준다면 아이가 전투적이거나 단순히 반응만 하는 식으로 대응할 가능성이 훨씬 줄어들 것이다.

❹ 초등학교 고학년(9~12세)

- 아이와의 관계에서 권위를 유지하되 규칙과 훈육 문제에서는 가능하면 대안에 대해 이야기를 나누어보고 협상하라.
- "내가 하라면 해!" 카드가 가장 먹히지 않는 시기이므로, 이제 피어나는 상위 뇌를 가능할 때마다 건드려서 발달을 촉진해주자.
- 아이에게 함께 결정을 내리고 해결책을 생각해내자고 제안함으로써 고차원적 사고 능력을 계발하도록 도와주어라.

습관
04

상위 뇌를 효과적으로 훈련하라

답을 바로 제시하기

아이 이 원반은 내가 가질 거야!

엄마 안됐지만 이 원반을 가지고 있으면 안 돼. 네 것이 아니잖아. 발견한 곳에 도로 갖다 놔.

NG!

상위 뇌를 훈련하기

아이 이 원반은 내가 가질 거야!

엄마 네가 이걸 갖고 싶어 하는 건 엄마도 알겠어. 그런데 다른 아이가 이 원반을 찾으러 왔는데 그 자리에 없으면 어떻겠니?

OK!

아이들의 상위 뇌를 자극하는 것을 넘어 아이들이 상위 뇌를 훈련하고 발달시킬 수 있는 방법이 있을까? 상위 뇌는 근육과도 같다. 쓰면 쓸수록 발달하고 강해지며 임무를 잘 수행한다. 쓰지 않고 놔두면 최선의 상태로 발달하지 않고 힘과 능력이 떨어진다.

'뇌는 안 쓰면 녹슨다'라는 말이 그런 의미다. 부모는 자녀의 상위 뇌를 의도적으로 계발하고 싶어 한다. 지금까지 설명했듯이 우수한 상위 뇌는 하위 뇌와 균형을 이루고 사회적·정서적 지능에 극히 중요한 역할을 한다. 또한 튼튼한 정신 건강의 토대이기도 하다. 부모가 할 일은 자녀들이 상위 뇌를 훈련할 만한 기회를 끊임없이 제공해서 상위 뇌가 더욱 튼튼하고 강력하게 성장하게끔 하는 것이다.

'이성 뇌'라고도 불리는 상위 뇌는 가장 진화된 부분으로, 상위 뇌 발달을 위해서는 특히 부모의 자상하고 세심한 보살핌이 가장 중요하다. 상위 뇌의 연결은 아이의 정서지능과 사회지능 형성에 큰 비중을 차지하며, 부모는 이 연결에서 중요한 역할을 한다. 뇌의 많은 부분은 부모와 아이와의 상호작용이 긍정적인지 부정적인지에 따라 크게 달라지며, 아이의 인생에 영향을 미친다.

- 올바른 의사결정과 문제해결
- 창의력과 상상력
- 자신을 이해하기

- 추론과 반성
- 도덕성, 공감 능력

아이들과 함께 하루를 보내면서 상위 뇌의 다양한 기능에 주의를 집중하고 기능을 발휘하도록 연습할 기회를 기다려야 한다. 지금부터 상위 뇌를 훈련하는 방법을 하나씩 살펴보자.

아이 스스로 책임감 있게 의사 결정하게 하라

아이 대신 부모가 결정을 내려줌으로써 아이가 옳은 행동만 하도록 해야 할까? 이는 부모가 자녀를 양육할 때 강한 유혹 중 하나이기도 하다. 부모는 아이들이 스스로 결정하는 연습을 자주 시켜야 한다.

의사 결정을 하려면 실행 기능(문제 해결을 위해 지식과 전략을 어떻게 이용할지 결정하고 적용하는 기능)이 필요한데, 이 실행 기능은 상위 뇌가 다양한 선택지를 저울질하며 따져볼 때 발휘된다. 아이들은 몇 가지 대안과 함께 그에 따른 결과를 고려함으로써 상위 뇌의 작동을 연습하고 그 기능을 강화하여 상위 뇌를 더욱 활발히 사용한다.

아주 어린 아이라면 "오늘은 파란 신발 신을래, 아니면 하얀 신발 신을래?"라는 간단한 질문으로도 상위 뇌의 훈련이 가능하다. 아이가 자라면 더욱 책임이 따르는 의사 결정을 하게 하거나 정말로 고민되는 딜레마 상황에 빠져보게 할 수도 있다.

열 살인 딸이 일정 때문에 갈등하고 있다고 해보자. 토요일에 걸스카우트 야영과 축구 결승전이 있다. 동시에 두 행사에 참여할 수 없는 상황이다. 이럴 때 아이가 스스로 결정을 내리도록 옆에서 격려해준다. 의사 결정을 해본 아이는 어느 한쪽을 포기해야 한다는 사실이 완벽하게 행복하지는 않더라도 훨씬 편안하게 느끼기 쉽다.

용돈은 아주 어리지 않은 아이들이 어려운 딜레마 상황을 다루는 연습을 하기에 좋은 수단이다. 당장에 장난감을 사느냐, 새 자전거를 위해 계속 용돈을 모을 것인가를 결정하는 경험은 상위 뇌를 훈련하는 효과적인 방법이다. 핵심은 아이들로 하여금 결정을 내리기까지 고민하게 하고 그 결과를 감수하게 하는 것이다.

부모가 책임감을 가지고 아이들에게 의사 결정을 하게 할 수 있다면, 아이들이 사소한 실수를 하거나 썩 좋지 않은 선택을 하더라도 대신 문제를 해결해주거나 곤란한 상황에서 구해주지 말아야 한다. 아이들이 당장 모든 의사 결정을 완벽하게 하는 데 있는 것이 아닌, 장래에 아이들의 상위 뇌가 최대한 발달하는 것을 목표로 하라.

화가 났을 때 감정·신체를 통제하는 법을 가르쳐라

아이들에게 중요하면서도 어려운 또 다른 과제는 자신을 통제할 수 있는 상태를 유지하는 것이다. 부모는 화가 났을 때도 올바른 결정을 내리는 데 도움이 되는 기술을 아이들에게 가르쳐야 한다.

감정을 가라 앉히는 법은 이미 알고 있는 익숙한 기법들이다. 심호흡을 하거나 숫자를 열까지 세라고 가르쳐주어도 좋고 감정을 표현하도록 도와주어도 좋다. 또 발을 구르거나 베개를 때리게 할 수도 있다. 자신을 통제하기 어려워진다고 느낄 때 머릿속에서 무슨 일이 일어나는지 가르쳐주고, '뚜껑 열리는' 일을 피하는 법을 가르쳐줄 수도 있다.

어린 아이들도 말이나 주먹으로 다른 사람을 상처 입히는 대신 행동을 멈추고 생각할 능력이 있다. 아이들이 항상 올바른 결정을 내리지는 않겠지만, 비난하지 않고 다양한 대안을 선택하는 연습을 충분히 할수록 상위 뇌가 능숙하게 작동할 것이다.

아이 자신을 이해하도록 질문을 던져라

"네가 왜 그런 선택을 했다고 생각하니?"

"왜 그런 식으로 느꼈니?"

"시험을 잘 못 본 이유가 뭐라고 생각해? 네가 서둘러서였을까, 아니면 문제가 정말 어려워서였을까?"

자녀가 자신을 이해하도록 하는 최선의 방법은 위와 같은 질문을 던져 자신의 생각이나 행동의 표면 아래를 들여다보도록 도와주는 것이다.

캐서린의 아빠는 열 살 난 딸이 캠프에 가져갈 짐 싸는 것을 도와주면서 위와 같은 방법을 썼다. 밖에서 지내는 동안 집이 그립지 않겠느냐고 딸에게 질문을 던진 것이다. 예상대로 "그렇겠죠, 뭐"라는 이도 저도 아닌 대답을 들은 캐서린의 아빠는 이어서 물어보았다.

"그럼 집이 그리워지면 어떻게 할 생각이니?"

캐서린의 아빠는 이번에도 얼버무리는 대답을 들었다.

"모르겠어요."

하지만 이번에는 캐서린이 잠깐이지만 그 질문에 대해 생각해보는 모양이었다. 캐서린의 아빠는 좀 더 밀어붙였다.

"만약 집이 그리워지기 시작할 때, 다시 기분이 좋아지게끔 네가 할 수 있는 일은 뭘까?"

캐서린은 여전히 여행용 가방에 옷가지를 쑤셔 넣고 있었지만 이제는 분명 그 질문에 대해 생각하고 있었다. 마침내 캐서린은 제대로 된 대답을 했다.

"아빠한테 편지를 쓰든지 친구랑 재미있는 일을 하면 되겠죠."

이런 대화가 오간 다음 캐서린은 멀리 떠나면서 느끼는 기대와 걱정에 대해 아빠와 몇 분 동안 이야기를 나누었고, 자신을 조금 더 이해할 수 있게 되었다. 단지 아빠가 몇 가지 질문을 해준 덕분이었다.

아이가 글을 쓸 만큼 자랐거나 적어도 그림을 그릴 수 있는 나이라면 일기장을 주고 날마다 글을 쓰거나 그림을 그리게 해도 좋다. 이런 일을 의례적으로 하다 보면 마음속 풍경에 주의를 기울이고 마음을 이해하는 능력이 향상될 수 있다.

이보다 나이가 어린 아이들에게는 자기 마음속에서 무슨 일이 일어나는지 생각해볼수록 이야기가 담긴 그림을 그리게 해도 좋다. 마음속과 주변 세상에서 무슨 일이 일어나는지 이해하고 그에 반응하는 능력이 발달할 것이다.

공감 능력을 기르려면 타인의 감정을 생각해보게 하라

공감 능력도 상위 뇌의 중요한 기능에 해당한다. 아이에게 다른 사람의 감정을 생각해보게 하는 간단한 질문을 던질 때 아이의 공감 능력이 길러질 수 있다. 식당에서는 "저 아기가 왜 운다고 생각하니?"라고 질문할 수 있다. 아이와 함께 책을 읽으면서는 "멜린다 친구가 이사를 갔네. 지금 멜린다는 기분이 어떨까?"를 물어볼 수 있다. 상점을 나오면서는 "별로 친절하지 않네, 그렇지? 오늘 저 사람한테 슬픈 일이 있었던 걸까?"와 같은 질문을 할 수도 있다.

날마다 사람들과 마주하면서 다른 사람의 감정에 아이들이 주의를 쏟을 계기만 마련해줘도 아이는 완전히 새로운 시선의 공감에 눈뜨고 상위 뇌를 훈련할 수 있다. 과학자들은 공감이 거울 뉴런이라고 불리는 복잡한 체계에 뿌리를 둔다는 이론에 점차 무게를 싣고 있다. 거울 뉴런에 관해서는 다음 장에서 살펴볼 것이다. 여러분이 아이의 상위 뇌로 하여금 다른 사람에 대해 생각하는 연습을 하게 할수록 아이의 공감 능력은 점차 커질 것이다.

도덕과 윤리에 관한 물음을 던져라

위에서 상위 뇌가 통합되면 나타나는 자질으로 올바른 의사결정, 감정과 신체의 통제, 자신에 대한 이해, 공감능력에 대해 언급했다. 마지막으로 소개할 것은 우리가 자녀에게 기대하는 가장 중요한 목표 중 하나인 확고한 도덕성이다. 아이들이 자신을 통제하고 공감에서 우러나오는 행동을 하며 자신을 이해하고 올바른 결정을 내릴 때 확고하고 능동적인 도덕성이 발달하게 된다.

이 도덕성은 단지 옳고 그름을 가리는 데 그치지 않고 자신의 개인적 욕구를 넘어 더 큰 의미의 선善을 추구하는 것이다. 사실 뇌가 아직 발달하고 있는 아이들에게서 완벽한 일관성을 기대할 수 없다. 하지만 날마다 마주하는 평범한 일상에서 되도록 자주 도덕과 윤리에 관한 물음을 던져볼 수 있다.

이를테면 아이들에게 가상의 상황을 만들어 내는 것이다. "위급한 일이 생겼을 때 정지신호를 무시하고 달려도 될까?", "불량한 아이가 학교에서 누군가를 괴롭히고 있는데 주변에 어른이 없다면 어떻게 할 것인가?" 등 아이들에게 어떻게 행동할지 생각하게 하고, 그 결정의 결과를 고려하게 하는 것이다. 그렇게 함으로써 부모는 아이들에게 도덕과 윤리적 원칙에 따라 생각하는 연습을 시키는 셈이다. 그 연습은 여러분의 가르침에 따라 아이들이 일생 동안 의사를 결정하는 방식의 바탕이 될 것이다.

부모 자신의 행동이 무엇을 빚어내고 있는지도 고려해보아야 함은 당연하다. 아이들에게 정직, 너그러움, 친절, 존중 등을 가르칠 때는 부모 자신도 이 가치들을 실현하면서 살고 있음을 아이들에게 확실히 알려줘야 한다. 좋든 나쁘든 부모의 행동이 자녀의 상위 뇌 발달 방식에 대단히 큰 영향을 끼칠 것이다.

단계별 코칭 4

합리적 선택을 위한 두뇌 습관

상위 뇌를 훈련할 기회를 많이 제공해서 상위 뇌가 강해지는 한편 상위 뇌가 하위 뇌와 몸과 함께 통합될 수 있도록 한다. 목표는 아이들이 당장 모든 의사 결정을 완벽하게 하는 데 있는 것이 아니라 장래에 아이들의 상위 뇌가 최대한 발달해 차츰 합리적 선택을 하도록 이끄는 데 있다.

❶ 영유아(0~3세)

- 아이가 되도록 자주 상위 뇌를 사용하고 스스로 결정을 내리게 할 방법을 찾아보자.

  예시 "오늘은 파란색 셔츠 입을래, 빨간색 셔츠 입을래?", "오늘 저녁에는 우유 마실래, 물 마실래?"
- 책을 읽을 때는 뇌 발달에 도움이 되는 질문을 던져라.

  예시 "키티가 어떻게 나무에서 떨어졌을 거라고 생각하니?", "저 여자애는 왜 슬퍼 보일까?"

❷ 미취학 아동(3~6세)

- 아이에게 모양이며 글자며 숫자를 알려주는 데 더해, 진퇴양난 상황을 가정하는 "너라면 어떻게 할래?" 같은 놀이를 해보자.

  예시 "네가 공원에 있었는데 정말 갖고 싶던 장난감을 주웠어. 그런데 주인이 있는 물건이라는 걸 알았다면 어떻게 할래?"

- 아이와 함께 책을 읽다가 결말이 어떻게 될지 예측해보게 하자. 어렵더라도 스스로 결정해보는 기회를 많이 마련해준다.

❸ 초등학교 저학년(6~9세)

- "너라면 어떻게 할래?" 놀이를 하면서 아이에게 진퇴양난 상황을 제시해본다.

  예시 "불량한 애가 학교에서 누굴 괴롭히고 있는데 주변에 어른이 없을 때 너라면 어떻게 하겠니?"

- 다른 사람들의 감정, 아이 자신의 의도, 욕망, 믿음에 대한 깊은 대화를 통해 공감과 자기 이해 능력을 증진해주고 권장하라.
- 아이를 곤란한 상황에 부딪히게 하거나 아이가 어려운 결정을 내리게 해보자.
- 아이들에게 의사를 결정을 맡겼으면 사소한 실수를 하거나 잘못된 선택을 하더라도 대신 문제를 해결해주려 하거나 곤란한 상황에서 구해주려 하지 말자.

❹ 초등학교 고학년(9~12세)

- 아이의 뇌가 발달할수록 가상의 상황이 점점 재미있어진다. "너라면 어떻게 할래?" 놀이를 하면서 진퇴양난 상황을 제공하라.

  예시 "네 친구의 엄마가 너를 집에 데려다주기로 해놓고 술을 마셨다면 어떻게 할래?"

- 다른 사람들의 감정, 아이 자신의 의도, 욕망, 믿음에 대해 깊은 대화를 하며 공감과 자기 이해 능력을 높여주자.

습관
05

몸을 움직여 마음이 바뀌게 하라

명령하거나 요구하기

아이 난 벗고 있을 거야!
엄마 너 옷 입을 시간이라고 말했지. 얼른 옷 입지 않으면 혼내줄 거야!

NG!

'움직이지 않으면 녹스는 뇌' 기법을 적용하기

아이 난 벗고 있을 거야!
엄마 엄마랑 옷 입기 놀이 할래? 점핑 잭*한 다음에 바지를 입는 거야.

* 점핑 잭 : 제자리에서 뛰어오르면서 다리를 벌리고 머리 위로 손뼉을 친 뒤 다시 차렷 자세로 돌아오는 동작

OK!

신체 운동이 뇌의 화학적 작용에 직접 영향을 준다는 사실이 연구를 통해 입증되었다. 자녀가 상위 뇌와의 접속이 끊겼을 때 다시 균형을 되찾도록 도와주는 효과적인 방법은 몸을 움직이게 하는 것이다. 다음에 나오는 아이 엄마의 이야기는 열 살 난 아들이 신체 활동을 통해 통제력을 되찾았다는 내용이다.

> 이틀 전 5학년이 된 리암은 선생님이 내준 숙제가 너무 많아서 완전히 질려버렸어요. 저도 아이와 같은 생각이었어요. 많긴 많더라고요. 리암은 투덜댔지만 결국 방에 들어가서 숙제를 했죠.
> 얼마나 했는지 보러 갔더니, 리암이 말 그대로 배 속의 아기처럼 몸을 둥글게 말고 빈 백 의자bean bag chair(헝겊 주머니에 콩이나 작은 플라스틱 조각을 채워 만든 의자) 아래에 들어가 있는 거예요. 저는 의자 밑에서 나와 책상으로 가서 숙제를 마저 하라고 독려했어요. 리암은 계속 끙끙거리면서 "너무 많단 말이에요!"라며 못 하겠다고 말했죠. 저는 계속 리암을 도와주려고 했지만 그 애는 제 도움을 거부했어요. 그러다가 갑자기 리암이 의자 밑에서 튀어나오더니 아래층으로 달려가 현관문 밖으로 뛰쳐나가서는 막 달리는 거예요. 리암은 동네를 몇 블록 달려가다가 집으로 돌아왔어요.
> 무사히 돌아온 리암이 차분해져서 간식을 먹을 때에야 비로소 저는 아이와 이야기를 나누면서 왜 그런 식으로 뛰쳐나갔는지 물어볼 수

있었어요. 리암은 자기도 정말 모르겠다면서 이렇게 말하더군요.
"제가 생각할 수 있었던 건 최대한 빠르게, 오래 달리고 나면 기분이 좀 나아지겠다는 것뿐이었어요. 그리고 정말 기분이 나아졌어요."
리암이 정말로 훨씬 차분해졌고 제 도움을 받아들이고 숙제를 할 준비가 되었다는 걸 저도 인정해야 했죠.

• • •

자기도 몰랐겠지만, 집을 뛰쳐나가 달렸을 때 리암은 통합을 연습하는 중이었다. 리암의 하위 뇌는 상위 뇌를 굴복시켰고, 그 때문에 리암은 완전히 압도당한 기분과 무력감을 느꼈다. 리암이 상위 뇌를 움직이도록 도와주려던 엄마의 시도는 실패했지만, 리암이 혼돈의 상황에서 '몸'을 사용하자 그 아이의 머릿속에서 뭔가 변했다. 몇 분 운동을 한 뒤 리암은 편도체를 진정시키고 상위 뇌에 다시 통제권을 넘겨줄 수 있었다.

리암의 즉흥적 전략 덕분에 통제력을 되찾게 됐다는 사실을 많은 연구들이 뒷받침한다. 연구에 따르면, 우리가 운동이나 안정을 통해서 몸 상태를 바꿀 때 감정 상태도 바꿀 수 있다. 잠깐 미소를 지으려고 해보면 좀 더 행복한 기분을 느낄 수 있다. 짧고 얕은 호흡은 불안을 느끼게 하지만 깊고 느리게 호흡하면 차분한 기분을 느끼기 쉽다. 아이와 함께 이런 간단한 운동을 함으로써 몸이 기분에 어떻게 영향을 끼치는지 가르쳐줄 수 있다.

우리 몸은 정보로 가득하고, 그 정보는 뇌로 전송된다. 사실 우리가 느끼는 많은 감정은 몸에서 시작된다. 속이 울렁거리거나 어깨가 뻐근할 때, 불안함을 의식적으로 깨닫기도 전에 위장이나 어깨에서는 불안하다는 신체적 메시지를 뇌로 보낸다. 몸에서 뇌간, 변연계, 피질로 전달되는 에너지와 정보는 우리의 몸과 감정 상태, 생각을 바꿔놓는다.

그때 리암에게 일어난 일은 이러했다. 몸의 움직임이 그 아이의 존재 전체를 통합 상태로 이끌었고, 그 결과 리암의 상위·하위 뇌와 몸이 다시 한 번 건강하고 효율적으로 자기 할 일을 할 수 있었다. 리암이 감정에 압도당하는 기분을 느꼈을 때 에너지와 정보의 흐름이 막혀 비非통합 상태가 야기되었지만, 리암은 몸을 활발히 움직임으로써 분노 에너지와 긴장을 해소하고 진정할 수 있었다.

달리기를 하고 나서 리암의 몸에서는 상위 뇌에 더 차분한 정보를 보냈는데, 이 말은 리암의 감정적 상태가 균형을 되찾았고 다양한 뇌의 부위와 몸이 다시 통합된 상태에서 움직이기 시작했다는 뜻이다.

아이가 진정하거나 통제력을 되찾도록 도와야 하는 상황이라면 아이를 움직이게 할 방법을 찾는 것이 현명하다. 어린 아이들에게는 위의 대화처럼 창의적이고 애정이 담긴 놀이로 실험해보는 것도 좋다. 신체 활동과 더불어 이 놀이의 재미는 어린 자녀의 태도를 완전히 바꾸어놓을 수 있으며, 부모와 아이 양쪽 모두에게 즐거운 아침 시간을 선사할 수 있다.

이런 기법은 큰 아이들에게도 효과가 있다. 우리가 알고 있는 어린이 야구단 코치는 '움직이지 않으면 녹스는 뇌' 원리에 대해 듣고서, 선수권 대회 때 선수들이 선취점을 몇 번 내주고는 풀이 꺾여 있자 아이들에게 벤치에서 뜀뛰기를 하도록 시켰다. 몸을 움직인 결과, 아이들은 활기와 새로운 에너지를 몸과 뇌로 보낼 수 있었고 사기를 회복하여 경기에서 이겼다. (이번에도 신경과학의 승리다!)

"밤샘 파티 하는 친구네 집에 못 가서 화났구나. 누나는 갔는데, 불공평한 것 같다, 그치? 우리 나가서 자전거 타면서 그 얘기를 해볼까? 뇌가 앞으로 다 잘될 거라고 느끼려면 몸을 움직이는 게 도움이 되거든."

어떤 식으로 말하든 핵심은 아이가 몸을 움직여 일종의 균형과 통제를 되찾도록 도와주는 데 있다. 그렇게 함으로써 뇌의 통합으로 가는 통로에서 장애물을 치우고 다시 길을 뚫을 수 있다.

단계별 코칭 5

몸과 마음의 균형을 위한 두뇌 습관

아이가 상위 뇌와 하위 뇌의 균형을 되찾도록 하는 데 아주 효과적인 수단은 몸을 움직이게 하는 것이다.

❶ 영유아(0~3세)

- 아이가 화났을 때는 아이의 감정을 반드시 인정해주자. 항상 그것이 첫 번째 단계가 되어야 한다.
- 되도록 빨리 몸을 움직이게 하라. 아이와 법석을 피우면서 몸싸움을 해도 좋고, 따라 하기 놀이를 해도 좋고, 아이의 침실까지 달리기 경주를 해도 좋다. 몸을 움직이면 마음도 바뀐다.

❷ 미취학 아동(3~6세)

- 아이가 화가 났거나 속상해한다면, 여러분이 아이의 기분을 알아준 다음 몸을 움직일 만한 구실을 만들어주자. 이 나이의 아이들은 움직이기를 정말 좋아한다. 레슬링도 하고 풍선을 땅에 떨어뜨리지 않고 쳐 올리는 놀이도 할 수 있다.
- 아이가 화난 이유를 말하는 동안 공을 주고받는 것도 좋다. 몸을 움직이는 방법은 기분을 바꾸는 데 강력한 효과를 발휘한다.

❸ 초등학교 저학년(6~9세)

- 아이가 속상해할 때 그 감정에 공감한 뒤, 몸을 움직이게 해줄 방법을 찾아라. 같이 자전거를 타도 좋고, 풍선을 땅에 떨어뜨리지 않고 쳐 올리는 놀이를 해도 좋고, 요가 자세를 취해도 좋다.
- 아이의 성향에 따라 부모가 무엇을 할 것인지 좀 더 단도직입적으로 행동해야 할 수 있다.
- 아이를 속인다거나 전략을 숨겨야 한다고 생각할 필요는 없다. 직접 아이에게 '움직이지 않으면 녹스는 뇌' 개념을 설명하고, 이렇게 함으로써 사실상 우리가 기분을 상당히 바꿀 수 있다는 사실을 가르쳐 주어도 좋다.

❹ 초등학교 고학년(9~12세)

- 몸을 움직이는 것이 어떻게 아이들의 기분을 바꾸는지 직접적으로 말해도 된다. 특히 아이가 화가 났을 때 휴식을 취하고 일어나 움직이는 것이 얼마나 효과적인지 바로 설명해줄 수 있다.
- 자전거 타기나 걷기, 탁구처럼 함께 몸을 활발하게 움직일 수 있는 활동을 제안하라. 스트레칭을 하거나 요요를 가지고 노는 것도 도움이 된다.

실 천 하 기

통제 불능 감정을 다스리는 3단계 방법

45분 동안 소리를 지르는 아이를 도대체 어떻게 진정시켜야 할지 모르겠더라고요. 전 결국 "엄마는 가끔 네가 미워!"라고 소리치고 말았어요.

아들은 두 살 때 남동생 얼굴을 심하게 할퀴어서 흉터를 남겼어요. 아들 엉덩이를 한 다섯 대쯤 세게 때렸지요. 그런 다음 방에서 나와 복도를 지나가다가 다시 방으로 돌아가서 다섯 대 정도 더 때리고 크게 소리도 쳤어요. 아이에게 겁을 준 거죠.

딸한테 그네 앞에서 뛰어다니는 남동생을 조심하라고 일러줬는데 딸애가 동생을 그네로 칠 뻔했어요. 순간 너무 화가 나서 공원에 있던 많은 사람들 앞에서 "뭐가 문제니, 너 바보야?"라고 말해버렸어요.

• • •

자녀 양육 과정에서 마주칠 수 있는 끔찍한 순간들이다. 이 장면들은 우리가 하위 뇌에 사로잡혀 완전히 통제 불능 상태가 되는 순간을 보여준다. 이때 우리가 하는 행동은, 평소 같으면 누가 되었든 우리 아이에게 못 하게 할 만한 언행이다.

위의 고백들은 개인적으로 알고 지내는 부모들에게 들은 실제 이야기다. 조금 놀라운 이야기였을지 몰라도, 이 부모들은 저마다 아이를 훌륭히 키우고 있다. 하지만 이들도 우리처럼 때때로 이성을 잃는 바람에 하지 말 걸 그랬다고 생각하는 행동을 한다.

위의 경험담에 여러분도 하위 뇌에 사로잡혔던 경험을 덧붙일 수 있겠는가? 물론 그럴 것이다. 여러분도 부모이고 사람이기 때문이다. 우리는 부모들과 이야기하고 상담할 때 이런 사례를 수없이 접한다. 아이를 양육하며 심한 스트레스를 받는 상황에서 부모들은 실수를 한다. 우리 모두 그렇다.

하지만 양육 과정에서의 위기는 성장과 통합의 기회라는 사실을 잊지 말아야 한다. 자제력을 잃었다 싶은 순간을 자기 제어의 계기로 삼아야 한다. 아이의 작은 눈망울들은 부모가 스스로 어떻게 진정하는지 지켜본다. 부모의 행동은 감정이 격해져 뚜껑이 열리기 일보 직전인 상황에서 어떻게 올바른 결정을 내리는지의 본보기가 된다.

그렇다면 우리의 하위 뇌가 상위 뇌를 장악하고 이성을 잃기 시작한다고 느낄 때는 어떻게 해야 할까?

첫째로, 아이에게 해가 되는 일을 하지 말아야 한다. 입을 다물어 후회할 말을 하지 말고, 손을 등 뒤에 두어 거친 물리적 접촉을 아예 차단한다. 하위 뇌가 우리를 지배하는 상황이 되면 무슨 일이 있어도 아이를 보호해야 한다.

둘째로, 상황에서 멀리 떨어져 마음을 가라앉혀야 한다. 휴식을 취하는 것은 전혀 나쁜 일이 아니다. 특히 휴식을 취하는 것이 아이를 보호하는 길이라면 더더욱 그렇다. 아이에게 엄마·아빠가 마음을 가라앉힐 시간이 필요하다고 하면 아이는 거부당했다고 느끼지 않는다.

그리고 가끔 우습게 느껴지더라도, '움직이지 않으면 녹스는 뇌' 기법을 시도해보라. 뜀뛰기도 하고, 요가나 스트레칭도 하고, 천천히 심호흡도 해보자. 편도체가 상위 뇌를 장악했을 때 잃어버린 통제력을 되찾을 수 있다면 뭐든 해보는 것이 좋다. 이렇게 함으로써 여러분 스스로 더욱 통합된 상태가 되어 갈 뿐만 아니라 자녀에게 손쉽게 이용할 수 있는 자기 제어 기술을 보여주는 셈이다.

마지막으로, 빨리 평소 상태를 회복해야 한다. 마음이 가라앉고 스스로 통제할 수 있다고 느끼는 즉시 아이와 교감한다. 그렇게 서로의 감정이나 관계에 가한 상처를 처리한다. 이 과정에서는 아이의 행동을 용서한다는 뜻을 표현하는 한편, 여러분 자신의 행동에 대해서도 사과하고 책임을 받아들이는 태도를 보여야 한다.

마지막 단계는 최대한 빨리 경험하는 것이 좋다. 자녀와의 교감을 빨리 회복할수록 여러분 자신의 감정적 균형을 되찾고 자녀와의 관계를 다시 즐겁게 유지할 수 있는 시기가 앞당겨지기 때문이다.

말 해 주 기

화를 가라앉힐 때 유용한 지식

이 장에서 살펴본 뇌의 아래층-위층 개념은 아이가 화를 가라앉힐 때도 유용한 지식으로 쓰일 수 있다.

주먹을 쥐어봐. 자, 이게 손으로 만든 네 뇌 모형이야. 우리 뇌에는 왼쪽 뇌와 오른쪽 뇌가 있다는 거 기억나지? 우리 뇌에는 위층과 아래층도 있어. 위층 뇌는 올바른 결정을 내리고 옳은 일을 하는 곳이야. 네가 정말로 화가 났을 때도 말이야. 반면, 아래층 뇌는 정말 강렬한 기분을 느끼는 곳이야. 이 아래층 뇌는 다른 사람에게 신경을 써주고 사랑을 느끼게 해주지. 그리고 정말 화가 나고 실망할 때처럼 우리가 속상한 기분을 느끼게도 해. 속상한 기분을 느끼는 건 나쁜 게 아니라 정상이야. 특히 우리가 진정하는 데 위층 뇌가 도움을 줄 때는 더욱 그렇고.

다시 엄지손가락을 안으로 넣어서 주먹을 쥐어봐. 생각하는 일을 담당하는 위층 뇌가 엄지손가락을 감싸지? 이때 위층 뇌는 아래층 뇌가 차분하게 기분을 표현하도록 도와준단다. 가끔 아주 많이 속상할 때, 손가락을 이렇게 다 펴봐. 이제 위층 뇌가 아래층 뇌를 감싸주지 않아. 더 이상 아래층 뇌가 차분하게 있도록 도와줄 수 없다는 뜻이야.

예를 들어볼까?

제프리가 애써 만든 레고 탑을 여동생이 무너뜨렸지. 제프리는 화가 나서 여동생에게 소리를 지르고 싶었어. 하지만 제프리의 부모님은 제프리에게 위층 뇌가 어떻게 아래층 뇌를 감싸주고 마음을 가라앉히도록 도와주는지 가르쳐주셨어. 제프리는 여전히 화가 가라앉지 않았지만, 여동생에게 소리를 지르는 대신 자기가 화났다고 말하고 부모님께 여동생을 방에서 데리고 나가 달라고 부탁할 수 있었어. 나중에 네가 화가 나기 시작하면 손으로 뇌 모형을 만들어봐. 화난다고 주먹을 꽉 쥐지 말고 제대로 된 뇌 모형을 만들어야 해! 손을 쫙 폈다가 천천히 주먹을 쥐면서 엄지손가락을 감싸 쥐는 거야. 이렇게 하면 아래층 뇌에서 나오는 강렬한 기분을 가라앉히는 데 위층 뇌를 쓸 수 있다는 사실을 떠올릴 수 있을 거야.

4장

아이의 감정을 지배하는 기억

기억에 대한 근거 없는 믿음

"이번 여름에 수영 강습은 절대로 안 받을 거예요!"

티나의 일곱 살짜리 아들이 단호하게 선언한 것은 엄마, 아빠가 자기를 그 지역 고등학교 수영장에서 제공하는 수영 강습에 등록했다는 사실을 알게 되었을 때였다. 저녁 식사를 하던 티나의 아들은 입을 꼭 다물고 눈을 가늘게 뜨고서 엄마와 아빠를 쳐다보았다.

티나가 남편 스콧을 쳐다보자 스콧은 '알았어. 내가 먼저 하지, 뭐' 라고 말하듯 어깨를 으쓱했다.

"아빤 이해가 안 되는데? 너 수영 좋아하잖아."

"그래요, 아빠. 제 말이 바로 그거라니까요."

아이의 말은 비꼬는 것 같기도 했다.

"전 이미 수영을 할 줄 안다고요."

스콧은 고개를 끄덕였다.

"그건 아빠랑 엄마도 알지. 수영을 더 잘하게 해주려고 강습을 신청한 거야."

티나가 말을 보탰다.

"헨리도 신청한댔어. 다음 주엔 날마다 헨리랑 같이 놀게 될걸."

그래도 아이는 고개를 저었다.

"싫어요. 그게 무슨 상관이에요."

아이는 고개를 숙이고 앞에 놓인 접시를 쳐다보았다. 완강한 목소리에 한 조각 두려움이 묻어났다.

"제가 이렇게까지 하지 않게 해주세요."

스콧과 티나는 눈길을 주고받고는, 생각해보고 나중에 다시 이야기하자고 말했다. 하지만 그 둘은 충격을 받았다. 아이가 가장 친한 헨리와 함께 하는 활동, 그것도 운동을 거부한다는 것은 있을 수 없는 일이었다.

부모들은 항상 이런 상황에 맞닥뜨린다. 이럴 때 부모들은 자신의 말에 대꾸하는 아이의 모습에 완전히 당황한다. 아이들이 두려움, 분노, 좌절 등 격한 감정에 압도되어 앞뒤가 안 맞는 행동을 할 때는 나름의 이유가 있는데, 그 이유를 이용해서 쉽게 상황을 바로잡을 수 있다.

아이들은 그저 배가 고프거나 지쳤을 수 있고, 차를 너무 오래 탄 상태일 수 있으며, 그냥 두 살이라서(세 살, 네 살, 다섯 살, 또는 열다섯 살이라서) 그럴 수도 있다. 하지만 아이가 평소답지 않은 행동을 하는 것은 타당한 이유가 있을 수 있다.

예를 들어, 티나와 스콧은 그날 밤 이야기를 나누면서 뜻밖이었던 아들의 우뇌 중심적 반응이 3년 전에 겪은 충격적인 경험에서 야기되었을지 모른다는 점에 동의했다. 아마도 아이는 그 일에 대해 생각조차 안 하고 있었을 것이다. 티나는 아들에게 뇌에 대한 중요한 사실 몇 가지를 알려줄 절호의 기회라고 생각하고 그날 밤 자기 전에 생각을 행동으로 옮겼다.

이들의 대화를 살펴보기 전에, 티나가 아들과 이야기하면서 이루고자 했던 바를 먼저 설명해야겠다. 티나는 아이가 힘들었던 경험을 다루도록 하는 최고의 방법이 기억의 작용 원리에 대한 몇 가지 기본 지식을 이해하는 것임을 알고 있었다.

• • •

먼저 '기억'에 대한 근거 없는 믿음 두 가지를 살펴보면서 이야기를 시작해보자.

근거 없는 믿음 1

기억은 '마음속 파일함'이다. 첫 데이트나 자녀의 탄생을 돌이켜 생각할 때, 우리는 뇌 속에서 그에 해당하는 서랍을 열어 그 기억을 떠올린다.

정말 이렇다면 편하고 좋겠지만 뇌는 이런 식으로 작용하지 않는다. 머릿속에는 우리가 의식으로 끌어내주기를 기다리는 수천 개의 조그만 기억 파일이 없다. 기억은 곧 '연결'이다. 일종의 연결 장치인 뇌는 현재 존재하는 그 무엇, 즉 생각, 느낌, 냄새, 이미지 등을 처리하고 그 경험을 과거의 비슷한 경험과 연결한다.

과거의 경험은 우리가 지금 보거나 느끼는 것을 이해하는 방식에 크게 영향을 끼친다. 이는 뇌 속에서 다양한 뉴런(뇌세포)들이 연결을 형성하기 때문이다. 따라서 기억이란 본질적으로 과거의 사건이 지금 우리에게 영향을 끼치는 방식을 말한다.

예를 들어, 여러분이 소파 쿠션 틈에서 오래된 고무젖꼭지를 찾아냈다고 해보자. 어떤 감정과 기억이 떠오를까? 현재 아기를 키우고 있는 상황이라면 이 경험은 별일 아닐 것이다. 하지만 고무젖꼭지를 사용한 것이 몇 년 전 일이라면 감개무량할 것이다. 갓난아이 입에 물려놓은 그 고무젖꼭지가 얼마나 커 보였는지, 아기가 개에게 그것을 물려주었다가 도로 자기 입에 넣으려고 해서 당신이 얼마나 재빨리 움직였는지, 이런 기억들이 떠오를지도 모른다. 아니면 고무젖꼭지에 영원히 이별을 고하던 쓸쓸한 날 밤이 되살아날 수도 있다.

현재의 감정과 기분은 과거에 형성된 강한 연결에 바탕을 둔다. 고무젖꼭지를 찾아낸 순간 연결되었던 온갖 것들이 우리의 의식에 떠올라 현재의 감정과 기분에 영향을 끼친다. 이것이 바로 기억의 본질인 연결이다.

이제 뇌 속에서 무슨 일이 일어나는지 간단히 알아보자. 어떤 경험을 할 때마다 뉴런(뇌세포)은 '발화fire'하거나 전기신호에 활성화된다. 이렇게 발화할 때 뉴런은 다른 뉴런들과 이어진다. 이것이 연결을 만든다. 머리말에서 설명했듯이, 이런 현상은 경험 하나하나가 말 그대로 뇌의 물리적 구조를 바꾼다는 것을 의미한다. 뉴런들이 경험에 따라 끊임없이 연결되기도 하고 연결이 끊어지기도 하기 때문이다.

신경학자들은 이 과정을 "함께 발화하는 뉴런은 연결된다"라고 표현한다. 다시 말해, 새로운 경험은 저마다 특정한 뉴런을 발화시키고 이렇게 발화한 뉴런은 동시에 발화하는 다른 뉴런들과 연결을 형성한다.

이 현상이 여러분의 경험과 맞아떨어지는가? 우리는 레몬을 베어 문다는 말만 들어도 침이 고인다. 차 안에서 흘러나오는 노래는 어설프게 춤추던 고등학교 시절로 돌아가게 한다.

발레 수업을 마친 네 살짜리 아이에게 풍선껌을 주었다고 해보자. 그날 이후 아이는 발레 수업이 끝날 때면 무엇을 기대할까? 당연히 풍선껌을 받으리라 기대할 것이다. 왜 그럴까? 아이의 '발레 수업 후' 뉴런이 발화하여 '풍선껌' 뉴런과 연결되었기 때문이다. 함께 발화하는 뉴런은 연결된다.

기억은 이런 식으로 작용한다. 하나의 경험(발레 수업이 끝남)이 특정한 뉴런을 발화시키고, 그 뉴런은 다른 경험(풍선껌을 받음) 때문에 발화한 뉴런과 연결되는 것이다. 그러면 첫 번째 경험을 다시 겪을 때마다 뇌는 그것을 두 번째 경험과 연결한다. 이렇게 하여 발레 수업이 끝나면 뇌는 껌을 받으리라고 기대하기 시작한다.

이때 기대를 촉발한 계기는 과거의 어떤 것과 연결되는 생각이나 감정 등 우리 내부의 사건일 수 있고 외부의 사건일 수도 있다. 촉발된 기억은 미래에 대한 기대를 불러일으킨다. 뇌는 예전에 일어난 일을 바탕으로 끊임없이 미래를 준비한다. 기억은 우리로 하여금 다음에 무슨 일이 일어날지 예상하게 함으로써 현재의 통찰력을 형성한다. 우리의 과거는 전적으로 현재와 미래를 만든다. 그것은 뇌 속의 연결을 통해서 이루어진다.

근거 없는 믿음 2

기억은 '복사기'와 같다. 기억을 떠올릴 때 우리는 과거에 일어났던 일이 정확하게 재현되는 장면을 본다. 우리는 첫 데이트 때 우스꽝스러운 머리 모양과 옷차림으로 나갔던 것을 기억하고, 초조해하던 모습에 웃음

을 터뜨린다. 또는 갓 태어난 아기를 안고 있는 의사의 모습을 보고 그 순간의 강렬한 감정을 되살린다.

다시 한 번 말하지만 기억은 이런 성질의 것이 아니다. 머리 모양과 옷차림은 진짜로 우스꽝스러웠을 수도 있겠지만 기억은 과거에 일어난 사건의 정확한 재현이 아니다. 우리는 기억을 떠올릴 때마다 그 기억을 조금씩 고친다. 기억해낸 것은 실제로 일어났던 일에 가까울지 모르지만 경험을 떠올린다는 행위 자체가 기억을 바꾼다. 가끔은 기억을 상당히 많이 바꿔놓기도 한다.

과학적으로 말하자면, 기억을 인출할 때는 그 기억이 부호화될 때 형성된 신경 다발neural cluster과 유사한 신경 다발이 활성화된다. 따라서 기억은 때론 조금씩, 때론 엄청나게 왜곡된다. 스스로 아무리 정확하다고 믿는다 해도 말이다.

형제자매나 배우자와 대화를 나눌 때 여러분이 어떤 이야기를 한 뒤에 사람들이 "그 일은 그런 게 아니었잖아!"라고 말하는 것을 들어본 경험이 있을 것이다. 그 기억을 부호화했을 때의 마음 상태와 그 기억을 떠올릴 때의 마음 상태가 기억 자체에 영향을 끼치고, 기억을 변화시켰기 때문이다. 여러분이 이야기하는 내용은 역사적 사실이라기보다는 오히려 역사소설에 가깝다.

이제 우리 아이들의 과거 경험이 그들 자신에게 영향을 끼치는 방식에 대해 이야기할 테니, 아까의 근거 없는 믿음 두 가지를 염두에 두기 바란다. 기억은 가나다 순서로 정리되어 필요할 때 꺼내 쓰는 파일이 아니라 뇌 속에서의 연결을 의미한다는 사실, 그리고 인출된 기억은 과거를 그대로 복사한 것이 아니라 말 그대로 왜곡되기 쉬운 대상이라는 사실을 명심해야 한다.

기억의 진실, 암묵 기억과 외현 기억

기저귀 가는 일에 대한 기억을 살펴보자. 우리는 기저귀를 갈러 가면서 기저귀 가는 과정을 열심히 중얼거리지는 않는다.

"그래, 먼저 아기를 깔개에 눕히자. 이제 옷을 벗기고, 질척거리는 기저귀를 빼내는 거야. 아기 엉덩이 밑에 깨끗한 기저귀를 놓고……."

이렇게 할 필요가 전혀 없다. 그냥 하면 되기 때문이다. 이미 기저귀 갈기를 많이 해봤기 때문에 지금 뭘 하고 있는지 생각조차 하지 않는다. 뇌는 뉴런 다발들을 발화시켜 우리로 하여금 기저귀 갈기를 어떻게 하는지 떠올리고 있다는 자각 없이 아기 옷을 끄르고 기저귀를 빼낸 다음 물티슈에 손을 뻗는 등의 행동을 하게 한다. 이것은 일종의 기억이다. 과거의 경험(기저귀를 갈고 또 갈던 일)은 현재의 행동(지금 이 기저귀 갈기)에 영향을 끼친다. 이럴 때는 기억을 떠올렸다는 인식이 없다.

반면 기저귀를 처음 갈던 날을 떠올린다면 잠시 멈칫해서 기억을 쭉 훑어본 뒤에 그 경험을 기억해낼 것이다. 불안하게 아기의 발목을 잡고서 더러운 기저귀에 움찔하고, 그다음엔 뭘 해야 하는지 생각해 내려고 애쓰던 자신의 모습이 머릿속에 떠오를 것이다. 과거의 장면과 감정에 대해 열심히 생각할 때 우리는 지금 과거의 일을 떠올리고 있다는 사실을 의식한다. 이것도 기억이다. 하지만 이 기억은 굳이 생각하지 않고 기저귀를 갈 수 있게 해주는 기억과는 다르다.

이 두 가지 유형의 기억은 일상생활에서 뒤섞여 함께 작용한다. 기억을 떠올리고 있다는 사실을 인식하지 못하고 기저귀를 갈게 하는 기억은 암묵 기억implicit memory이라고 한다. 기저귀 갈기를 배우던 일(또는 다른 특정한 순간)을 떠올리는 능력은 외현 기억explicit memory이라고 한다. 우리가 보통 기억이라고 하는 것은 '과거 경험의 의식적인 회상'을 의미하므로 엄밀히 말하면 외현 기억이다.

우리 자신과 아이들을 위해 두 가지 기억에 대해 알아야 한다. 이 두 가지 유형의 기억을 이해함으로써 아이들이 자라는 동안 어려운 경험을 다룰 때 필요한 것을 그들에게 줄 수 있기 때문이다.

먼저 암묵 기억에 초점을 맞추어보자. 암묵 기억은 우리가 태어나기 전부터 형성되기 시작한다. 다음은 저자인 대니얼이 가족을 대상으로 실시한 '비공식 조사 연구' 내용이다.

아내가 임신했던 두 번 모두 뱃속의 아기에게 종종 노래를 불러주었다. 그 노래는 할머니가 나에게 불러주었던 오래된 러시아 노래로, 인생과 어머니에 대한 사랑이 담긴 동요였다.
"항상 햇살이 비추었으면, 항상 좋은 날만 있었으면, 항상 엄마가 있었으면, 항상 내가 있었으면 좋겠네."
아내의 임신 기간 마지막 3개월 동안 이 노래를 영어와 러시아어로 불러주었다. 내가 알기로 그 시기의 태아는 양수를 통해 소리를 인식하기에 충분한 청각 체계를 갖추고 있다.
아이가 태어날 때마다 1주일 안에 동료들을 초대해 '조사 연구'의 성과를 보여주었다. (통제된 연구가 아니었다는 건 알지만 재미있는 연구였다.) 아기에게 불러주었던 노래가 어떤 노래인지 밝히지 않고서 세 가지 노래를 차례로 불렀다. 의심할 여지도 없이, 익숙한 노래를 들었을 때 아기가 눈을 동그랗게 뜨고 민감한 상태가 되었기 때문에 동료들은 아기의 주의 수준이 변하는 모습을 쉽게 확인할 수 있었다. 지각 기억perceptual memory(청각이나 시각 등 제시되는 자극의 지각적 속성이나 구조에 대한 기억)이 부호화되어 머릿속에 남은 것이다. (지금 우리 아이들은 나에게 노래를 못 부르게 한다. 아마도 내 목소리는 물속에서 들을 때 더 나은 모양이다.)

• • •

대니얼의 아이들은 갓 태어났을 때 아빠의 목소리와 러시아 동요를 인식할 수 있었다. 그 정보가 암묵 기억으로 부호화되어 뇌에 남았기 때문이다. 우리는 일생 동안 암묵 기억을 형성하는데, 생후 18개월까지는 암묵 기억만 형성한다. 아기는 집이나 부모에게서 느끼는 냄새, 맛, 소리, 배고픈 느낌, 젖 먹을 때의 행복한 기분, 친척이 찾아왔을 때 엄마의 몸이 긴장하는 느낌 등을 부호화해서 기억으로 남긴다.

우리는 인식, 감정, 신체감각 등을 부호화하고, 자라면서 기기, 걷기, 자전거 타기 등의 행동을 부호화해서 암묵 기억을 형성한다. 마침내 기저귀를 갈 수 있게 되는 것도 암묵 기억 덕분이다.

여기서 중요한 점은 우리가 암묵 기억 덕분에 과거의 경험을 바탕으로 세상이 돌아가는 방식을 예상할 수 있다는 점이다. 특히 우리 아이들의 두려움, 좌절에 관해선 더욱 그렇다. 발레와 풍선껌의 연결을 기억하는가? 함께 발화하는 뉴런들은 연결되기 때문에 우리는 과거에 있었던 일을 바탕으로 특정한 심성 모형mental model을 만들어낸다.

만약 당신이 퇴근할 때마다 아기를 안아준다면 아기는 마음속에서 '엄마·아빠가 돌아오면 애정이 가득해지고 엄마·아빠와 교감할 수 있다'라는 모형을 형성할 것이다. 암묵 기억이 '점화priming'라는 현상을 일으키기 때문이다.

점화란 뇌가 특정한 방식으로 반응할 준비가 되는 것을 말한다. 당신이 집에 돌아오면 아기는 엄마·아빠가 안아주리라 예상한다. 그 상냥한 몸짓에 점화되는 것은 아기의 내면세계만이 아니다. 집 앞으로 다가오는 차 소리를 들은 아기는 이미 앞으로의 상황을 예상하고 팔을 움직이기까지 한다.

아기가 자라는 동안에는 복잡한 행동과 관련된 점화가 계속 일어날 것이다. 몇 년 뒤 피아노 선생님이 아이의 피아노 연주를 자꾸 흠잡는다면, 아이가 '나는 피아노를 좋아하지 않는다'라거나 심지어 '나는 음악에 재능이 없다'라는 심성 모형을 만들지도 모른다.

극단적인 현상은 PTSD(외상 후 스트레스 장애)에서 찾아볼 수 있다. 외상 후 스트레스 장애가 있는 경우, 충격적인 경험에 대한 암묵 기억이 뇌에 부호화되어 남았기 때문에 어떤 소리나 형상에 그 기억을 떠올리게 되지만 자신은 그것이 기억임을 깨닫지 못한다. 암묵 기억은 본질적으로 위험에서 안전하게 보호하는 진화의 산물이다. 덕분에 위험한 순간에 과거의 비슷한 경험을 굳이 회상하지 않고도 저절로 빠르게 반응할 수 있다.

이것이 부모들에게 의미하는 바는 다음과 같다. 자녀가 유난히 비합리적으로 반응할 때 암묵 기억이 심성 모형을 만들었는지, 즉 아이의 마음속에 우리의 도움을 받아 살펴보아야 하는 심성 모형이 만들어졌는지 생각해봐야 한다. 지금부터 살펴볼 내용은 티나가 아들을 잠자리에 들게 하고 수영 강습에 대해 나누었던 이야기이다. 다음은 그 대화를 옮겨 적은 것이다.

티나 수영 강습을 하는 데 무슨 문제가 있는지 엄마한테 말해줄래?

아들 모르겠어요. 그냥 하고 싶지 않아요.

티나 뭔가 무서운 게 있니?

아들 그런 것 같아요. 배 속에서 나비들이 막 움직이는 것처럼 속이 울렁거려요.

티나 그 나비에 대해서 얘기해보자. 네가 기억을 떠올리고 있다는 걸 모를 때도 뇌에서는 뭔가 기억해낸다는 걸 알고 있니?

아들 무슨 말인지 모르겠어요.

티나 그래, 다르게 얘기해볼게. 너 예전에 수영 강습 받았을 때 기분 나쁜 경험을 했던 것 기억해?

아들 아, 기억나요.

티나 우리가 갔던 곳은 어땠지?

아들 그곳 사람들이 절 심하게 혼냈어요.

티나 맞아, 꽤 엄한 선생님들이었지.

아들 저를 다이빙대에서 뛰어내리게 했어요. 제 머리를 물속에 밀어 넣고 오랫 동안 숨을 참게 했어요.

티나 오랫동안 말이지? 있잖아, 엄마 생각엔 그때의 일이 네가 지금 수영 강습에 가기 싫어하는 이유와 크게 관련이 있는 것 같아.

아들 그래요?

티나 응. 좋은 일이든 나쁜 일이든 네가 뭔가 할 때 뇌와 몸에서 그 일을 기억해내는 경우가 많다는 거 아니? 엄마가 '다저 스타디움(미국 프로야구팀 로스앤젤레스 다저스의 홈구장)'이라고 말할 때…… 이것 봐, 너 웃고 있지! 지금 네 맘속에서 무슨 일이 일어나는지 느껴지니? 네 뇌와 몸에서 뭐라고 말하고 있을까? 네 기분은 어때?

아들 신나요.

티나 그래, 네 얼굴 보니 그런 것 같구나. 지금도 배 속에서 나비가 움직이는 것 같니?

아들 그럴 리가요.

티나 그럼 엄마가 '수영 강습'이라고 하면 어때?

아들 어, 음…….

티나 다시 나비가 들어온 것 같아?

아들 네. 가고 싶지 않아요.

티나 엄마 생각엔 지금 이런 일이 일어나고 있는 것 같아. 네 두뇌는 놀라운 장치이고, 이 뇌의 가장 중요한 역할은 널 안전하게 지켜주는 거야. 뇌는 항상 '이건 좋아', '이건 나빠'라고 말하면서 사물을 살펴보고 있어. 엄마가 '다저 스타디움'이라고 말하면 네 뇌에서는 '좋아! 가자! 거긴 재밌는 곳이야' 라고 하고, 엄마가 '수영 강습'이라고 말하면 뇌에서 '나쁜 생각이군. 가지 마!'라고 하는 거야.

아들 바로 그거예요.

티나 엄마가 '다저 스타디움'이라고 말할 때 네 뇌가 그렇게 신나는 이유는 거기서 기분 좋은 경험을 했기 때문이야. 모든 경기를 낱낱이 기억하지는 못하겠지만 전반적으로 다저 스타디움이 좋은 곳이라고 생각하잖아.

위에서 살펴보았듯이, 티나는 과거의 일이 현재에 영향을 끼친다는 것에 대해 우리가 의식하지 못하는 상태에서도 어떤 기억은 우리에게 영향을 끼칠 수 있다는 개념을 알려주면서 이야기를 시작했다. 여러분은 티나의 아들이 왜 수영 강습을 두려워했는지 알게 되었을 것이다.

여기서 아이의 가장 큰 문제는 무엇이었을까? 바로 아이가 겁먹은 이유를 스스로 알지 못한다는 점이었다. 아이가 아는 것은 수영 강습에 가고 싶지 않다는 사실뿐이었다. 하지만 자신의 감정이 어디에서 오는지 엄마가 알려주자 아이는 머릿속에서 일어나는 일을 통제할 수 있도록 해주는 일종의 의식을 키우기 시작했다. 그 결과, 아이는 자신의 경험과 감정에 대한 재구성을 시작할 수 있었다.

좀 더 이야기를 나눈 뒤, 티나는 수영 강습 때문에 불안해질 때 사용할 수 있는 실용적인 수단을 아이에게 알려주었다. 앞으로 몇 장에 걸쳐 이 수단에 대해 알아보려 한다. 대화는 다음과 같이 흘러가다 끝을 맺었다.

티나 좋아, 겁이 나는 이유가 예전의 안 좋은 경험 때문이라는 걸 이제 알겠지?

아들 네, 그런 것 같아요.

티나 하지만 지금은 나이도 더 먹고 현명해졌으니까 수영에 대해 완전히 다른 방식으로 생각해볼 수 있어. 그럼 기분이 좋아지는 일을 몇 가지 해보자. 하나는 정말 재미있고 신나게 수영했던 기억을 전부 생각하기 시작하는 거야. 기분 좋게 수영했던 경험을 떠올릴 수 있겠니?

아들 당연하죠. 지난주에 헨리랑 수영했을 때예요.

티나 그래, 잘됐다. 넌 네 뇌에게 이야기를 해줄 수도 있어.

아들 네?

티나 정말이야. 사실 이건 네가 할 수 있는 가장 좋은 일이기도 해. 이렇게 말해봐.
'뇌야, 날 안전하게 보호하려고 해줘서 고마워. 하지만 난 더 이상 수영을 무서워할 이유가 없어. 이건 새 수영장에서 새 선생님에게 받는 새로운 수업이고, 나는 이미 수영을 할 줄

아는 새로운 아이야. 자, 뇌야, 난 이제 천천히 깊은 숨을 쉬면서 나비를 전부 배 속에서 몰아낼 거야. 그리고 수영에 대해선 좋은 일에만 집중할 거야.'

뇌에게 이렇게 말하는 게 좀 이상하긴 하지?

아들 조금요.

티나 엄마도 알아. 우습기도 하고 낯설기도 할 거야. 하지만 이게 어떻게 도움을 주는지는 알겠지? 수영 강습에 대해 안전하고 기분 좋게 느끼고 네 몸 상태도 차분해지도록 하기 위해서 네가 할 수 있는 말은 뭐가 있을까? 마음속으로 무슨 말을 할 수 있겠니?

아들 기분 나쁜 수영 강습은 옛날 일이야. 이건 새로운 수영 강습이고, 난 이미 수영을 좋아하게 됐어.

티나 바로 그거야. 네가 수영에 대해 대체로 어떻게 느끼기 때문에?

아들 매우 좋게 느끼기 때문에.

티나 아주 좋았어. 한 가지만 더 해보자. 엄마랑 첫 수영 강습에 가서 다시 불안해지기 시작하면 뇌한테 뭐라고 얘기해줄 수 있을까? 이 기분은 옛날 일에서 오는 거라고 네 자신에게 알려줄 만한 암호 같은 것 말이야.

아들 모르겠어요. 배 속에 있는 나비를 죽여라?

티나 걔네들은 아주 오래전에 있던 나비니까 이제 네 배 속에 넣고 있을 필요가 없어, 그렇지?

아들 맞아요.

티나 정말 잘됐다. 엄만 네가 이제 그 일을 웃어넘길 수 있어서 기뻐. 그런데 덜 끔찍한 암호를 생각해낼 순 없을까? '나비를 자유롭게 해줘'라든가 '나비를 풀어줘'처럼.

아들 전 '죽여라'가 마음에 드는데요.

티나 그래? 그럼 '나비를 죽여라'로 하자.

아들과의 대화에서 티나가 주로 한 일은 그 두려움이 어디에서 온 건지 알려준 것이라는 점에 주목해야 한다. 티나는 실제 있었던 이야기를 이용해서 암묵 기억이 의미 있는 외현 기억이 되도록 도와주었고, 그 결과 암묵 기억은 티나의 아들에게 더 이상 숨은 영향력을 발휘하지 않을 것이다.

일단 불쾌한 수영 강습에 대한 암묵 기억에 의식의 빛을 비추자 아이는 현재의 두려움을 상당히 쉽게 다룰 수 있게 되었다. 통합된 기억의 진정한 힘이 통찰력과 이해를 증진시키고 치유마저도 가능케 하는 것은 바로 암묵 기억에서 외현 기억으로의 변화를 통해서이다.

아이의 머릿속에 있는 퍼즐 짜맞추기

암묵 기억은 우리에게 유리하게 작용할 때가 많다. 이를테면 항상 사랑받으며 살아왔기 때문에 주변 사람들에게 사랑받으리라고 크게 기대하는 경우가 그렇다. 전에 다쳤을 때에는 부모님이 항상 위로해 주었으니 지금도 그럴 것이라고 믿는다면 긍정적인 암묵 기억이 우리 마음속에 쌓인 덕분이다. 하지만 암묵 기억은 부정적인 역할을 하기도 한다. 위의 상황과 반대로 우리가 괴로워할 때 부모님이 짜증을 내거나 무관심했던 경험을 되풀이해서 겪은 경우가 이에 해당한다.

암묵 기억에서 파생하는 문제, 특히 괴롭고 부정적인 경험을 통해 형성된 암묵 기억의 문제는 그 기억을 의식하지 못할 때 파묻힌 지뢰나 다름없다는 점이다. 지뢰는 우리 존재를 크게 제한하거나 때로 쇠약하게 만들기도 한다. 우리가 의식하든 의식하지 못하든 뇌는 많은 사건을 기억한다. 삔 발목에서 사랑하는 사람의 죽음까지, 괴로운 순간들은 뇌에 새겨져 우리에게 영향을 끼치기 시작한다.

우리가 그 기억의 근원을 의식하지 못하더라도 암묵 기억은 두려움, 회피, 슬픔 등의 고통스러운 감정과 신체적 고통을 야기한다. 이러한 사실은 종종 (어른들뿐 아니라) 아이들이 왜 화가 나는지도 모른 채 상황에 격하게 반응하는 이유를 설명해준다. 괴로운 기억을 이해하지 못하면 사람을 쇠약하게 하는 공포증과 수면 장애를 비롯한 문제가 생길 수 있다.

그렇다면 아이들이 부정적인 과거의 경험에 영향을 받아 괴로워할 때 어떻게 도와줄 수 있을까? 의식이라는 빛을 비추어 암묵 기억을 외현 기억으로 바꾸어주면 아이들은 그 기억을 의식하고 전략적으로 다룰 수 있다. 가끔 부모들은 자녀가 겪은 괴로운 경험을 그냥 잊길 바란다. 하지만 아이에게 정말로 필요한 도움은 부모가 현명하게 암묵 기억과 외현 기억을 통합하는 방법을 가르쳐주고 괴로운 경험을 힘과 자기 이해의 근원으로 바꾸어주는 것이다.

우리 뇌에 그런 역할을 하는 부위가 있다. 그곳에서는 암묵 기억과 외현 기억을 통합해서 우리가 자기 자신과 세상을 완전히 이해할 수 있게 해준다. 해마hippocampus라고 불리는 이 부위는 기억의 '검색엔진'이라고 할 수 있다. 해마는 뇌의 다양한 부위와 협력하여 암묵 기억의 모든 심상, 감정, 감각을 한데 모은다. 이렇게 모인 심상과 감정 등이 짜맞추어진 여러 장의 그림은 과거 경험을 의식 수준에서 분명히 이해한 외현 기억을 이룬다.

해마는 암묵 기억의 조각을 짜맞추는 퍼즐 맞추기의 대가로 볼 수 있다. 경험했던 심상과 감각이 해마를 통해 통합되지 않고 암묵적 형태로 남아 있을 때 이 심상과 감각들은 뇌 속에서 따로따로 무질서하게 존재한다. 암묵 기억은 분명하고 완전한 하나의 그림이나 완성된 퍼즐이 아니라 흩어져 있는 퍼즐 조각의 상태이다.

우리는 자신에게 펼쳐지는 이야기를 명료하게 생각하지 못한다. 우리가 누구인지 분명하게 정의해주는 것이 바로 그 이야기인데도 말이다. 설상가상으로, 암묵적 형태로만 남아 있는 이 기억은 현재 당면한 현실을 바라보고 상호작용하는 방식을 계속 형성해 나간다. 시시각각 스스로 누구인지 인식하는 감각, 즉 자아 정체감에도 영향을 끼친다. 그런데도 세상과 상호작용하는 방식에서 이러한 기억이 영향을 끼치고 있다는 사실을 의식조차 하지 못한다.

따라서 암묵 기억이 삶에 끼치는 영향을 되새기려면 암묵 기억의 퍼즐 조각을 외현 기억의 형태로 짜맞추는 과정이 중요하다. 그래서 해마가 필요하다. 우리가 인생의 능동적인 창조자가 될 수 있는 것은 해마가 암묵 기억과 외현 기억을 통합하는 중요한 기능을 수행하기 때문이다.

수영 강습에서 연상되는 두려움에 대해 티나가 아들과 대화하면서 취한 조치는 단지 해마가 제 역할을 하도록 도와준 것뿐이었다. 암묵 기억이 외현 기억으로 변하는 데는 그리 오랜 시간이 걸리지 않기 때문에 티나의 아들은 자신의 두려움을 다스리는 한편 과거의 괴로운 경험 자체를 이해하고 그 경험이 지금 자신에게 어떻게 영향을 끼치는지 이해할 수 있었다.

아이가 감당하기 힘든 사건을 겪은 뒤 자기의 감정을 표현하고 무슨 일이 일어났는지 회상할 여지를 마련해주지 않으면, 암묵적으로만 존재하는 기억은 통합되지 않은 채 남고 아이는 자신의 경험을 이해할 수 없다.

하지만 과거와 현재를 통합하도록 도와주면, 아이들은 자기 마음속에서 무슨 일이 일어나는지 이해하고 자기 생각과 행동 방식을 통제할 수 있다. 이렇게 자녀의 기억을 통합해주려고 힘쓸수록 현재 일어나는 일에 대한 비합리적인 반응, 사실상 과거 일에 대한 반응을 볼 일은 줄어든다.

기억 통합이 양육 과정에서 감정의 폭발이나 비합리적인 반응을 모두 없애줄 만능 해결책이라는 말은 아니다. 하지만 기억 통합은 과거의 힘든 경험을 다루는 강력한 수단이다. 나중에 자녀가 이유도 모른 채 괴로워하는 상황이 닥치면 여러분은 기억 통합을 알고 있어서 다행이라고 여길 것이다. 물론 다섯 살짜리 아이가 영화 〈스타워즈〉에 나오는 탈것을 조립하다가 브레이크 등을 찾지 못해 갑자기 걷잡을 수 없이 소리를 지르며 '망할 놈의 레고 가게'를 욕한다고 해도,

조지 루카스 감독과 관련된 암묵 기억 때문이라고 할 수는 없다.

사실 우리는 상황을 확대 해석하기 전에 정지HALT하고 기본적인 사항을 확인해야 한다. 다시 말해 아이가 배가 고픈지, 화가 났는지, 외로운지, 지쳤는지 알아보아야 한다는 것이다. 만약 이 네 가지에 해당한다면 문제를 쉽게 해결할 수 있다. 음식을 주거나, 불만을 들어주거나, 허한 마음을 채우도록 함께 시간을 보내거나, 밀린 잠을 보충하도록 일찍 잠자리에 들게 하면 다음 날엔 자신을 더 잘 다스리는 상태로 회복되니 말이다.

아이들은 대개 최선을 다한다. 다만 기본적인 욕구는 여러분이 채워주어야 한다. 뇌에 대해 배우고 여기에 제시된 온갖 정보를 고려할 때, 우리는 이미 알고 있는 간단하고 사소하며 명백한 점들을 명심해야 한다. 상식은 우리에게 크게 도움이 될 수 있다.

하지만 그 이상의 일이 일어나고 있다는 판단이 서면 현재 상황에 영향을 끼칠 만한 과거의 경험을 돌이켜보는 것도 좋은 생각이다. 아이의 모든 반응을 과거의 특정한 사건과 연관 지을 수는 없으므로 없는 연결을 억지로 만들어내지는 말아야 한다.

과거의 사건이 자녀의 행동에 영향을 끼치는 것 같다는 생각이 들면, 암묵 기억과 외현 기억을 통합하도록 도와주고 현재 상황에 반응하는 방식을 통제할 수 있는 장치로 아이를 무장시켜야 한다.

자, 이제 아이를 무장시키는 데 필요한 실용적인 수단들을 살펴보자.

습관
06

리모컨을 사용하듯 기억을 재생시켜라

'빨리 감기'해서 잊어버리기

아빠 이번엔 네가 나무를 잘라볼래?
아이 그냥 보기만 할래요.
아빠 너 아직도 칼이 무섭니? 잊으려고 노력해야지.

NG!

'되감기'해서 기억하려고 노력하기

아빠 이번엔 네가 나무를 잘라볼래?
아이 그냥 보기만 할래요.
아빠 공원에서 있었던 일 생각하는 거니?
아이 이미 오래된 일인걸요.
아빠 알아, 하지만 아직 그 일에 신경을 쓰는 것 같아서 그래. 기억나는대로 아빠한테 말해볼래?
아이 음, 그때 우리는요…….

OK!

다시 말하지만 통합을 촉진하는 데 가장 효과적인 방법은 이야기하기이다. 2장에서 좌뇌와 우뇌를 통합할 때 이야기하기가 얼마나 중요한지 살펴보았다. 이야기하기는 암묵 기억과 외현 기억을 통합하는 데에도 강력한 효과를 발휘하는 활동이다. 하지만 아이가 과거의 괴로운 경험에 영향을 받고 있다고 느끼는 경우, 그 경험 전체를 기억할 준비가 안 된 상태인지도 모른다.

이런 경우에는 아이의 과거 경험을 마음속에서 재생할 수 있는 리모컨과 DVD 플레이어를 아이에게 소개해주자. 이 리모컨으로 일시정지, 되감기, 빨리 감기를 할 수 있다. 영화를 볼 때 무서운 장면은 빨리 감기로 지나가고 좋아하는 장면은 되감기로 다시 보듯이, 마음속 리모컨은 불쾌한 기억을 떠올릴 때 아이에게 통제권을 준다. 이 기법을 사용했던 한 아빠의 이야기를 들어보자.

데이비드의 열 살 난 아들 엘리는 컵스카우트(보이스카우트의 어린이 조직) 대원들과 함께하는 파인우드 더비(소나무로 만든 모형 자동차 경주)에 참가하고 싶지 않다고 말해서 아빠를 놀라게 했다. 여태껏 겨울이면 아빠와 함께 소나무 토막으로 자동차 모형을 깎고 칠해서 스포츠카를 만드는 게 엘리에게 가장 중요한 일이었기 때문이다. 몇 차례의 대화를 통해 데이비드는 엘리가 목공용 공구, 특히 날이 있는 연장 근처에 가지 않으려 한다는 사실을 깨달았다. 덕분에 최근에 생긴 엘리의 공포증을 몇 달 전에 있었던 사건과 연결 짓기 쉬워졌다.

지난여름, 엘리는 아빠 허락 없이 주머니칼을 공원에 가져갔다. 엘리는 친구인 라이언과 함께 그 칼로 물건을 자르고 깎으면서 놀았는데, 그만 사고가 생겼다.

라이언이 칼로 나무뿌리를 자르다가 다리를 찔려 피가 많이 나는 바람에 구급차를 타고 응급실까지 가게 된 것이다. 라이언은 몇 바늘 꿰매고서 괜찮아졌고, 그 사건에 심하게 충격을 받은 것 같지도 않았다. 하지만 라이언이 무사한지 궁금해하면서 집에서 기다리던 엘리는 매우 괴로워했다. 인정 많고 책임감 강한 엘리는 자기가 허락 없이 가지고 나갔던 칼 때문에 친구가 다치고 큰 소동이 일어났다는 생각을 쉽게 떨칠 수 없었다.

그날 저녁, 두 아이의 부모들은 아이들을 한자리에 불러 무슨 일이 일어났는지 말하게 했고, 두 아이 다 충격을 이겨낸 것처럼 보였다. 하지만 분명 몇 달이 지난 뒤 엘리는 자기도 모르는 사이 그 기억에 다시 영향을 받고 있었다. 엘리는 목공구에 대한 자신의 두려움이 라이언에게 일어난 일 때문이라는 사실을 의식하지 못하는 듯했다.

데이비드는 엘리가 암묵 기억을 받아들여 외현 기억으로 바꾸는 데 도움을 주기로 했다. 데이비드는 연장을 늘어놓은 차고로 아들을 불렀다. 차고에 들어선 엘리는 전기톱을 보고 눈이 휘둥그레졌고, 데이비드는 그런 엘리의 얼굴에서 두려움을 읽었다. 엘리는 짐짓 태연하게 말했다.

"아빠, 올해는 파인우드 더비에 안 나가고 싶어요."

데이비드는 최대한 다정한 목소리로 대답했다.

"아빠도 알아. 그 이유가 뭔지도 알 것 같다."

데이비드는 엘리에게 자동차 경주와 주머니칼 사고의 연관성에 대해 이야기했지만 엘리는 아빠의 설명을 받아들이려 하지 않았다.

"아니에요. 그게 아니라니까요. 지금은 학교 때문에 너무 바빠요."

하지만 데이비드는 포기하지 않고 밀어붙였다.

"네가 바쁜 건 알지만 아빠 생각엔 그게 다가 아닌 것 같아서 그래. 그날 공원에서 무슨 일이 있었는지 다시 얘기 좀 해보자."

엘리의 얼굴에는 다시금 공포가 어렸다.

"아빠, 오래전 일이에요. 굳이 또 얘기할 필요는 없잖아요."

데이비드는 엘리를 안심시키고 고통스러운 기억을 다루는 효과적인 기법을 가르쳐주었다.

"네가 지난여름에 아빠한테 말해준 대로 그 일을 이야기해볼게. 아빠가 하는 이야기를 들으면서 DVD를 보는 것처럼 머릿속에서 상상을 하는 거야."

엘리가 말을 잘랐다.

"아빠, 이거 정말 안 하고 싶어요."

"네가 하고 싶지 않다는 건 알겠어. 그런데 여기서 재밌는 부분이 나오거든. 집에서 영화 볼 때 쓰는 것 같은 리모컨을 들고 있다고 상상해봐. 아빠 얘길 듣다가 네가 생각하고 싶지 않은 부분이 나오면 일시 정지 버튼을 누르면 돼. '정지'라고 말하면 아빠가 멈출게. 그 장면은 빨리 감기로 넘어갈 수 있어. 할 수 있겠지?"

엘리는 흔히 아이들이 바보 같다고 생각하는 요구에 응할 때 그러하듯이 느릿느릿 대답했다.

"알았어요."

이어 데이비드는 그 사건을 이야기하기 시작했다. 엘리가 공원에 도착하고, 라이언과 함께 나무껍질을 벗기는 등의 내용이었다.

"그때 라이언이 나무뿌리를 집어 들어서 자르기 시작했지." 이때 엘리가 끼어들었다.

"정지."

엘리의 목소리는 조용하면서도 단호했다.

"그래. 이제 빨리 감기해서 병원으로 가자."

"좀 더요."

"라이언이 집에 가는 장면으로?"

"좀 더요."

"라이언이 그날 저녁 우리 집에 왔을 때?"

"네."

데이비드는 두 친구가 기쁜 마음으로 재회한 뒤 서로 괜찮은지 안부를 묻고 게임을 하러 나간 장면을 이야기했다. 데이비드는 라이언과 그 부모님이 엘리에게 화가 나지 않았으며 그 일이 사고였다고 생각한다는 점을 강조했다고 힘주어 말했다.

데이비드는 아들을 바라보았다.

"자, 이런 이야기였지?"

"넵."

"우리가 건너뛴 부분은 빼고."

"알아요."

"이제 되감기를 해볼까? 네가 정지한 장면으로 돌아가 무슨 일이 일어났었는지 살펴보자. 기억하렴. 우린 이 이야기가 행복한 결말을 맞는다는 걸 알고 있어, 그렇지?"

"알았어요."

데이비드는 이야기의 고통스러운 부분으로 엘리를 데려갔다. 그 장면에서 엘리는 이따금 일시 정지 버튼을 눌렀다. 마침내 두 사람은 이야기를 모두 훑어보았고, 그렇게 함으로써 엘리는 칼과 베어내는 행위에 관련된 두려움을 내려놓기 시작했다. 다시 한 번 행복한 결말에 이르렀을 때 데이비드는 엘리의 근육이 느슨하게 풀리고 목소리의 긴장이 확연히 줄어들었음을 알 수 있었다.

두 사람은 몇 주에 걸쳐 그 일을 다시 이야기했다. 엘리는 여전히 주변에 칼이 있으면 다소 불안함을 느끼긴 했지만 데이비드의 도움에 힘입어 엘리의 해마는 암묵 기억과 외현적 의식을 통합했다. 그 결과 엘리는 의식으로 떠오른 문제를 다룰 수 있었다. 그 뒤 엘리와 데이비드는 파인우드 더비에 나갈 자동차를 전에 없이 훌륭하게 만들어냈다.

두 사람은 자동차에 피어 팩터Fear Factor(온갖 두려움에 맞서는 경쟁을 한 뒤 마지막 생존자가 상금을 받는 리얼리티 프로그램)라는 이름을 붙이고, 이 이름을 할로윈 분위기가 나는 무서운 글씨체로 차의 옆면에 써넣었다.

• • •

우리가 기억해야 할 목표는 본인이 알지도 못하는 사이 영향을 끼치는 힘든 경험을 아이가 받아들이고 그 경험을 분명히 드러내도록 도와주는 일이다. 다시 말해서, 머릿속에 흩어져 있던 퍼즐 조각을 짜맞추어 하나의 큰 그림으로 만들고 그것이 의미 있고 명확하게 보이도록 하는 것이다.

마음속 DVD 플레이어를 조작하는 리모컨 사용법을 아이들에게 알려주면 이야기하기는 훨씬 덜 무서워진다. 아이들에게 다루는 문제에 통제권을 주면 그 아이들이 자기 속도에 맞추어 문제에 접근할 수 있기 때문이다. 그러고 나면 아이들은 무섭거나 화나거나 불만스러운 경험의 장면을 곧바로 떠올리지 않고도 객관적으로 바라볼 수 있게 된다.

단계별 코칭 6

기억을 통해 두려움을 떨치는 두뇌 습관

아이를 두렵게 하는 사건이 일어난 뒤 아이가 그 일에 대해 이야기할 때 마음속 리모컨은 아이에게 되감기, 일시 정지, 빨리 감기를 경험하게 해준다. 그래서 아이는 이야기를 어디까지 돌려볼지 통제권을 유지할 수 있다.

❶ 영유아(0~3세)

- 이 나이의 어린 아이들은 리모컨을 잘 모를 수도 있지만 이야기의 힘은 안다. 아이가 이야기를 하거나 다시 이야기를 하고 싶어 할 때는 그 순간을 즐겨라.
- 일시 정지나 되감기 같은 것을 누르기보다는 똑같은 이야기를 계속 듣게 될 것이다. 이야기를 듣고 또 들어서 짜증이 나더라도 이야기하기가 이해, 치유, 통합을 이루어낸다는 사실을 기억하라.

❷ 미취학 아동(3~6세)

- 아이가 유치원생이라면 이야기하기를 엄청 좋아할 것이다. 좋은 얘기든, 나쁜 얘기든, 아무 이야기나 해본다. 그러다 중요한 사건이 일어나면 이야기하고 또 하라.
- 아이가 리모컨을 잘 모른다고 해도 자기 이야기에서 "뒤로", "멈춰" 정도는 할 수 있다. 아이는 여러분이 얘기하는 걸 듣고 기뻐할 것이

고, 자기 인생의 중요한 순간을 여러분이 이야기하고 또 이야기하도록 도와줄 것이다.

- 부모는 재생 버튼을 누르고 또 누를 준비가 되어 있어야 한다. 이렇게 할 때 치유와 통합을 촉진한다는 사실도 잊지 말기 바란다.

❸ 초등학교 저학년(6~9세)

- 힘들었던 경험이나 괴로운 기억에 대해 이야기해보라고 하면 부끄러워서 피하는 경우가 있다. 그런 아이에게는 무슨 일이 일어났는지 들여다보는 과정이 매우 중요하다는 점을 이해하도록 도와주자.
- 아이에게 부드럽고 다정하게 대하면서 아이가 이야기를 어디서든 일시 정지할 수 있고 과거의 불쾌한 부분은 빨리 감기로 넘어갈 수 있는 권한을 주어야 한다. 하지만 나중에라도 언젠가는 되감기를 해서 고통스러운 부분을 포함하여 전체 내용을 이야기하게 하자.

❹ 초등학교 고학년(9~12세)

- 청소년기에 가까워질수록 아이는 고통스러운 경험을 여러분에게 이야기하지 않으려고 한다. 암묵 기억의 중요성을 설명하고 과거 경험의 연결들이 아이에게 어떻게 아직도 영향을 끼칠 수 있는지 설명해주자.
- 경험을 다시 이야기하면서 이 과정에서 경험에 대한 통제력을 얻을 수 있음을 알려주자.

습관
07

기억력도 훈련할수록 좋아진다

“오늘 어땠니?”라고 묻기

엄마 오늘 어땠니?
아이 좋았어.

NG!

기억을 섬세하게 불러오기

엄마 오늘 가장 좋았던 일은 뭐야?
아이 칼리랑 놀고, 그림 그린 거.
엄마 넌 그림 그리는 걸 좋아하지. 오늘 좋지 않았던 일은 뭐니?
아이 디에고가 날 깨물었어.
엄마 저런, 그 애가 널 깨문 뒤엔 어떤 일이 있었니?
아이 선생님이 디에고를 혼냈어.

OK!

대부분의 사람들에게 기억이라는 행위는 자연스럽고 쉬운 일이다. 하지만 뇌의 여느 기능처럼 기억력도 훈련할수록 좋아진다. 이는 자기가 겪은 일을 이야기하고 또 이야기하게 해서 기억하기 연습을 많이 시키면 암묵 기억과 외현 기억을 통합하는 능력도 개선된다는 말이다.

우리의 두 번째 제안은 기억하기를 기억하라는 것이다. 다양한 활동을 하는 동안, 아이들이 경험에 대해 이야기하게 함으로써 암묵 기억과 외현 기억을 통합할 수 있도록 도와야 한다. 특히 아이들이 중요하고 값진 순간을 맞이할 때 더욱 그래야 한다. 가족과 함께한 경험, 중요한 친구들과의 우정, 통과의례 등 주목할 만한 순간을 외현 기억으로 많이 만들수록 이런 경험은 더 명확해지고 영향력이 커진다.

아이들에게 기억하기를 장려하는 실용적인 방법은 많다. 가장 자연스러운 방법은 회상을 유도하는 질문을 던지는 것이다. 아주 어린 아이라면 그날 있었던 구체적인 일에 다시 주의를 기울이게 하는 데 중점을 두고 간단히 질문해볼 수 있다.

이를테면 "오늘 캐리네 집에 갔었니?"라거나 "우리가 거기 도착했을 때 무슨 일이 있었지?" 등을 묻는 것이다. 아이들은 이렇게 기초적인 사실을 다시 이야기하는 과정을 통해 기억력을 증진시키고 더 중요한 기억을 다룰 준비를 할 수 있다.

아이들이 점점 자라면 어디에 중점을 두어야 할지 전략적으로 생각해보아야 한다. 선생님이나 친구와 빚었던 갈등, 참석했던 파티, 어젯밤에 했던 연극 리허설 등에 대해 물어보자. 일기 쓰기를 권장해도 좋다.

연구에 따르면, 일기를 쓰면서 사건을 회상하고 표현하는 행위 자체는 전반적인 건강뿐 아니라 면역 기능과 심장 기능을 개선해준다고 한다. 여기서 중요한 점은 아이들에게 자신의 경험을 이야기할 기회를 준다는 점이다. 이야기하기는 과거와 현재의 경험을 더 잘 이해하게 해주는 의미 구성meaning-making 과정에 도움이 되기 때문에 중요하다.

우리가 부모들에게 기억 통합에 대해 말해준 뒤 아이들이 경험을 이야기하도록 도와주라고 권할 때 꼭 나오는 질문이 있다.

"아이가 말을 안 하려고 하면 어떡하죠?"라거나 "미술 수업에 대해 물어봤는데 '괜찮았어요'라고만 말했어요. 이럴 땐 어떡하죠?" 등의 질문이다. 아이의 일상에서 흥미로운 세부 사항을 끌어내기가 어렵다면 창의력을 발휘해보자. 초등학교 저학년 정도의 아이들에게 쓸 만한 요령은 수업이 끝나고 집에 데리고 올 때 맞히기 놀이를 하는 것이다. 예를 들어, 아이에게 오늘 진짜로 일어난 일 두 가지와 일어나지 않은 일 한 가지를 말해 달라고 해서 어떤 일이 진짜로 일어났는지 알아맞히는 식이다.

"데릭 선생님이 책을 읽어줬어", "나랑 니코랑 여자애들을 몰래 감시했어", "후크 선장이 나를 잡아다가 악어 밥으로 줬어"……. 선택지가 이런 식이라면 여러분 입장에서는 문제를 맞히는 보람이 없을 테지만 아이들에게는 금세 손꼽아 기다리는 재미있는 놀이가 될 수 있다.

학교에서의 기억을 날마다 두 가지씩 듣게 되므로, 이 놀이는 우리에게 아이들의 생활을 개방해줄 뿐만 아니라 아이들 입장에서는 날마다 겪는 사건들을 돌이켜 생각해보고 반성하는 데 익숙해지는 기회가 된다.

최근 이혼을 겪은 어떤 엄마는 힘든 시기를 거치면서 자신이 딸과 정서적으로 교감하고 연결된 상태임을 그 딸에게 확실히 알게 해주고 싶었다. 함께 저녁 식사를 할 때마다 일종의 의식처럼 질문을 하기 시작했다.

"오늘 하루 어땠는지 말해줄래? 좋았던 일, 나빴던 일, 다른 사람에게 친절하게 대했던 일을 한 가지씩 말해줘."

다시 말하지만 이런 행동과 질문은 아이가 기억을 떠올리도록 장려할 뿐만 아니라 자신의 감정과 행동, 누군가와 하루를 함께 나누었다는 사실, 다른 사람을 도울 방법 등에 대해 더 깊이 생각해보게끔 한다.

아이가 특정한 사건을 더 많이 생각하기를 바란다면 함께 사진첩이나 예전 비디오테이프를 보는 것도 좋다. 아이가 깊이 집중하도록 도와주는 훌륭한 방법은 아이와 함께 '기억의 책'을 구상하고 그림을 그리는 것이다. 예를 들어, 딸아이가 처음으로 집을 떠나서 잠을 자는 야영을 하고 돌아왔을 때 우리는 아이가 보낸 편지와 기념품, 사진을 모아 아이와 함께 기억의 책을 만들어볼 수 있다.

여백에다 '우리 통나무집'이라든가 '셰이빙 크림 싸움 후'와 같은 짧은 문구를 써넣는 것도 좋다. 책 만들기는 이런 식으로 기억을 강화해주지 않으면 몇 개월, 몇 년이면 사라질 수 있는 기억을 세세하게 불러일으키는 한편, 아이에게 인생의 중요한 사건들을 우리와 많이 나눌 수 있는 기회를 제공한다.

질문을 하고 기억을 떠올리게끔 격려해주기만 해도 여러분은 아이들이 과거의 중요한 사건을 이해하고 기억하도록 만들 수 있다. 아이들은 이런 과정을 통해 현재 일어나고 있는 일을 잘 이해할 수 있게 된다.

단계별 코칭 7

기억력을 강화하는 두뇌 습관

기억해내는 연습을 많이 시켜서 아이의 기억력 훈련을 돕는다.

❶ 영유아(0~3세)

- 그날의 구체적인 일에 초점을 다시 돌리는 단순한 질문을 하는 것이 좋다. 이런 질문은 통합된 기억 체계에 하나하나 쌓이는 벽돌 같은 역할을 한다.

  예시 "우리 오늘 캐리네 집에 갔었지? 거기서 뭘 했는지 기억하니?"

❷ 미취학 아동(3~6세)

- 기억력 훈련에 도움이 되는 질문을 던져보자.

  예시 "네가 오늘 같이 가지고 놀려고 가져온 로봇을 보고 알바레즈 씨가 어떻게 생각했지?", "크리스 삼촌이 널 데려가서 아이스크림을 사준 게 언제더라?"
- 짝을 맞추거나 아이템을 찾는 기억력 게임을 해보자. 이 게임은 친구들이나 독특한 일화가 있는 친척이나 가족들의 사진을 가지고 해도 좋다. 특히 아이가 기억하길 바라는 중요한 행사가 있을 때는 번갈아 가며 독특한 세부 사항들을 이야기해보는 것도 좋다.

❸ 초등학교 저학년(6~9세)

- 차 안이든, 저녁 먹는 식탁 앞이든, 어디서든 아이가 경험에 대해 말하고 암묵 기억과 외현 기억을 통합할 수 있도록 해주자. 그중에서도 가족과 함께 겪은 일이라든지 가까운 친구와의 일, 통과의례 등 인생에서 가장 의미 있는 순간들은 기억을 통합하는 과정이 더욱 중요하다.
- 간단히 묻고 답하거나 회상하도록 격려해주자. 아이가 과거의 중요한 사건을 이해하고 기억하도록 도울 수 있다. 이것은 또한 현재 무슨 일이 일어나고 있는지 더 잘 이해하는 데에도 도움이 된다.

❹ 초등학교 고학년(9~12세)

- 차 안이나 저녁 식탁에서, 스크랩북이나 일기를 이용하여 아이들이 경험에 대해 생각하도록 도와주자. 그렇게 함으로써 아이는 암묵 기억과 외현 기억을 통합할 수 있다.

실 천 하 기

암묵 기억을
외현 기억으로 옮기기

자신도 모르는 사이에 기억이 끼어드는 것은 아이들에게만 일어나는 일이 아니다. 어른에게도 일어난다. 암묵 기억은 우리의 행동, 감정, 지각에 영향을 끼치고 심지어 몸의 감각에도 영향을 끼칠 때가 있다. 그러면서도 우리는 현재의 자신에게 이러한 과거의 영향이 전해진다는 사실을 완전히 모르고 살아갈 수 있다. 저자인 대니얼은 막 아빠가 되었을 때 이 현상을 몸소 체험했다.

아들이 태어났을 때 아기가 울어대면 돌아버릴 것 같았다. 누구나 아기 우는 소리를 듣기 싫어하는 건 알지만 정말이지 참을 수가 없었다. 아기가 울면 공황 상태에 빠져 불안함과 공포감에 떨었다. 부적절해 보이는 나의 격한 반응에 대해 알아보기 위해 온갖 이론을 뒤졌지만 그럴듯한 이론은 하나도 없었다.

그러던 어느 날, 아기가 울기 시작했을 때 머릿속에 떠오르는 장면이 있었다. 조그만 남자아이가 진찰대 위에 앉아 온통 찡그리고 새빨개진 얼굴에 공포의 빛을 띠고서 악을 쓰고 있는 장면이었다. 그 옆에 내가 있었다.

당시 UCLA 의료 센터에서 소아과 수련의로 일하던 나는 그 아이가 심하게 열이 나는 이유를 알아내기 위해 피를 뽑아야 했다. 소아과 선생님과 나는 환자가 들어올 때마다 이런 악몽을 끝없이 되풀이했다. 둘 중 한 명은 주사기를 들고, 다른 한 명은 악쓰는 아이를 꼼짝 못하게 붙들어야 했다.

최근 몇 년간 소아과 수련의 시절을 떠올려본 적은 없었다. 기억엔 전체적으로 좋았던 시절이었고 그 과정이 끝나서 기뻐했던 기억이 있다. 하지만 태어난 지 6개월 된 아들이 한밤중에 울음을 터뜨렸을 때 순간 그 장면으로 돌아갔다. 그 뒤로 이 연관성을 이해하기 시작했다. 이 기억에 대해 많이 생각해보고 친구와 동료에게 경험을 이야기했다.

몇 년 전의 정신적 충격(트라우마)이 암묵적인 형태로 남아 있다가 이제야 표면으로 떠올랐다는 점이 분명해지기 시작했다. 1년 동안의 수련의 과정을 마치고 인생의 다음 장에 들어섰을 때까지 고통스러운 경험에 대해서는 의식적으로 생각해본 적이 없었다는 사실을 깨달았다. 나중에 명확히 기억해낼 수 있는 방식으로 그 기억을 처리한 적이 없었다.

몇 년이 지나 부모가 된 지 얼마 안 된 그때, 고통스러운 자기 성찰을 통해 그 기억을 내 안에서 아직 풀리지 않은 문제로 볼 수 있게 되었다. 과거의 무거운 짐을 지지 않고 우리 아기의 울음소리를 있는 그대로 들을 수 있게 되었다.

• • •

되돌아보지 못한, 즉 통합되지 못한 기억은 사람들과 건강한 관계를 맺으며 살아가려고 하는 성인에게 온갖 종류의 문제를 유발한다. 특히 부모의 경우 이런 숨은 기억이 더욱 위험한 이유는 크게 두 가지이다.

첫째, 아이들은 아무리 어려도 부모의 두려움이나 고통, 무력감 등을 느낄 수 있다. 부모가 그런 감정을 경험하고 있다는 사실을 스스로 깨닫지 못하고 있을 때조차 그러하다. 따라서 부모가 힘든 상태이면 아이들이 평온하고 행복한 상태로 있기 굉장히 어렵다.

둘째, 암묵 기억은 우리가 원치 않는 방향으로 행동하게 만들 수도 있다. 방치되고 억압된 묵은 감정들 때문에 부모는 아이들을 대할 때 존중을 바탕으로 성숙하고 애정 어린 태도를 취하지 못하기도 한다.

따라서 속상한 일이 일어났을 때 부모가 지나친 반응을 하고 있다는 생각이 든다면 스스로에게 물어보라.

"지금 내 반응이 이치에 맞는 걸까?"

이런 대답이 나올 수도 있다.

"그래. 아기는 빽빽 울어대지, 세 살짜리 녀석은 오븐을 파란색으로 칠해놓았지, 여덟 살짜리는 줄곧 텔레비전이나 틀고 있으니. 창문으로 싹 다 집어 던지고 싶은 맘이 드는 게 당연하지."

하지만 이런 대답이 나올지도 모른다.

"아니야. 이 감정은 이치에 맞지 않아. 우리 딸이 오늘 나 대신 아빠한테 책을 읽어 달랬다고 해서 기분 나쁘게 생각할 이유가 없잖아. 이런 일로 속상해하면 안 되지."

암묵 기억에 대한 지식을 바탕으로 한 이러한 통찰은 내 마음과 상황을 더 깊이 들여다볼 수 있는 기회이다. 부모가 설명할 수 없거나 정당화할 수 없는 방식으로 반응하고 있다면 그때가 바로 이렇게 물을 때이다.

"지금 어떤 일이 일어나는 거지? 이 상황에서 뭔가 떠오르는 게 있나? 대체 이 감정과 행동은 어디서 나오는 걸까?"

암묵 기억과 외현 기억을 통합하고 과거의 힘들었던 순간에 의식이라는 빛을 비추면 아이와의 관계에 과거가 어떤 영향을 끼치고 있는지 깊이 들여다볼 수 있다. 비단 육아 문제가 아니라 부모 자신의 기분에도 어떻게 영향을 끼치는지 지켜볼 수 있다.

스스로 부족하다는 느낌이나 좌절감이 느껴지며 과하게 반응하고 있다는 생각이 들 때면 이런 감정 너머에 무엇이 있는지 들여다보고, 그것이 우리의 과거와 어떻게 연결되어 있는지 탐구해야 한다. 그리고 과거의 경험을 현재로 끌어 올려 한데 엮어서 더 큰 삶의 흐름에 포함시킨다.

이렇게 함으로써 되고자 하는 부모상에 한층 가까워진다. 우리 자신의 삶을 이해할 수 있고, 이러한 이해는 마찬가지로 아이들의 삶을 스스로 이해하는 데 도움을 주게 된다.

말 해 주 기

과거의 일을 이야기하면 어떤 점이 좋을까?

암묵 기억과 외현 기억에 대해 아이들에게 어떻게 말해야 할지 몇 가지 사례를 들어 살펴보았다. 아이가 과거의 경험으로 힘들어한다는 것을 알게 되었다면 최선의 방책은 그 경험에 대해 이야기해주고 아이들 스스로 다시 이야기하도록 이끌어주는 것이다. 이 방법은 과거의 경험이 현재의 행동과 감정을 통제하기 시작할 때 뇌에서 어떤 일이 일어나는지 설명하는 데에도 유용하다.

어떤 일이 일어나면 뇌는 그 일을 기억해. 하지만 항상 잘 짜맞추어진 하나의 기억으로 기억되는 건 아니야. 그보다는 일어났던 일들이 머릿속에서 작은 퍼즐 조각처럼 떠다니는 것에 가까워. 뇌가 퍼즐 조각을 잘 짜맞추도록 돕는 방법은 어떤 일이 일어났는지 이야기해보는 거야.

생일 파티처럼 즐거운 일이라면, 어떤 일이 있었는지 이야기하는 것도 아주 즐거울 거야. 그 경험에 대해 이야기하기만 해도 얼마나 재미있었는지 기억하게 되거든. 하지만 가끔 기억하고 싶지 않은 일이 일어날 때도 있지. 문제는 우리가 그 일에 대해 생각하지 않으면 그 퍼즐 조각들이 절대로 맞추어지질 않는다는 거야. 그러면 우리는 왜 그런지도 모르는 채 무섭거나 슬프거나 화가 날 수도 있어.

예를 들어볼까?

이건 미아에게 일어났던 일이야. 미아는 자기가 왜 개를 무서워하는지 몰랐어. 그러던 어느 날 미아의 아빠가 미아가 잊고 있었던 이야기를 들려주셨지. 오래전에 큰 개가 미아에게 짖어댔던 일이었어.

미아는 자기가 지금 마주치는 개를 무서워하는 것이 아니라 오래전 그 순간을 무서워한다는 걸 깨달았어. 이제 미아는 동네 개를 다정하게 쓰다듬어주길 좋아하고 강아지를 키우고 싶다고 생각하기도 해. 일어났던 일에 대해 이야기하는 건 머릿속의 퍼즐 조각들을 짜맞추는 방법인 셈이지. 그렇게 하면 무섭거나 슬프거나 화나는 기분을 덜 느끼는 대신 용감해지고 차분해지고 행복해질 거야.

5장

스스로 마음을 들여다보는 법

폭넓은 감정을 깨닫는 마인드사이트의 힘

"조쉬는 못 하는 게 없네요?"

이 질문은 똑똑하고 재능 있는 열한 살짜리 아들을 둔 앰버가 다른 부모들에게서 늘 듣는 말이다. 조쉬는 학교생활이며 운동, 음악, 사람들과의 관계 등 모든 면에서 뛰어난 듯했다. 주변의 친구들과 학부모들은 조쉬의 능력에 혀를 내둘렀다.

하지만 앰버는 조쉬가 많은 것을 이루어내면서도 스스로의 가치에 대해 심각하게 의심하며 괴로워한다는 사실을 알고 있었다. 조쉬는 모든 일을 완벽하게 해내야 한다는 심한 압박감에 시달렸다. 이렇게 완벽주의에 빠진 조쉬는 수없이 성공을 거두었음에도 불구하고 자기가 한 일이 부족하다고 여겼다. 조쉬는 농구 경기에서 공이 빗나가거나 도시락을 깜빡하는 등 실수를 할 때마다 자신을 감정적으로 심하게 괴롭혔다.

결국 앰버는 티나에게 조쉬를 데려왔다. 티나는 곧 조쉬가 아주 어렸을 때 부모가 이혼을 했고 조쉬의 아빠가 엄마에게 양육을 떠넘기고 사라져버렸다는 사실을 알게 되었다. 시간이 흐르자 티나는 다음과 같은 내용을 분명히 알게 되었다. 조쉬는 자기가 뭔가 잘못했기 때문에 아빠가 떠났다고 생각하면서 아빠가 없다는 사실에 자신을 탓했고, 실수를 하지 않으려고 자기 힘으로 할 수 있는 일이라면 뭐든지 했다.

조쉬의 암묵 기억은 완벽하지 않은 상태와 버림받는 것을 동일시했다. 그 결과 날마다 조쉬의 머릿속에는 '좀 더 잘했어야 했는데', '난 너무 멍청해', '내가 왜 그랬지?'와 같은 생각이 떠돌았고, 이런 생각 때문에 조쉬는 여느 열한 살짜리 소년들처럼 태평하지도 행복하지도 못했다.

티나는 조쉬가 머릿속의 이런 생각에 주의를 기울이도록 하는 데 중점을 두었다. 이런 생각 중에는 심도 있게 접근해 치료해야 할 만큼 깊이 새겨진 암묵 기억 때문에 형성된 생각도 있었다. 티나는 조쉬가 마음의 힘을 이해하는 한편 주의의 방향을 돌림으로써 통제권을 찾고 자신이 어떻게 느끼는지, 다양한 상황에 어떻게 대응하고자 하는지를 실제로 선택할 수 있다는 점을 이해하도록 도와주었다. 조쉬에게 돌파구가 생긴 것은 티나가 마인드사이트mindsight라는 개념을 소개했을 때였다.

• • •

'마인드사이트'라는 용어를 만들어낸 대니얼은 같은 제목의 책에서 이 단어의 의미를 간단히 두 가지로 요약할 수 있다고 설명한다. 즉, 마인드사이트란 자신의 마음을 이해하고 다른 사람의 마음을 이해하는 것이다. 다른 사람과의 교감은 다음 장에서 알아볼 것이고, 이 장에서는 마인드사이트 접근법의 첫 번째 방향인 '자신의 마음을 이해하기'에 초점을 맞추려 한다.

무엇보다도 자신의 마음을 이해하는 기법은 정신 건강과 행복의 출발점이며 우리 개개인의 마음을 명확히 꿰뚫어볼 수 있게 해준다. 이것이 티나가 조쉬에게 가르치기 시작한 사고방식이었다. 티나는 대니얼이 고안한 모형인 '의식의 바퀴the wheel of awareness'를 조쉬에게 알려주었다.

'의식의 바퀴'의 기본 개념은 우리 마음을 그림으로 표현하면 자전거 바퀴처럼 가운데에 중심축이 있고 바깥 테두리를 향해 바퀴살이 뻗은 모양으로 나타낼 수 있다는 생각이다. 테두리는 우리가 주의를 기울이거나 인식하는 모든 대상을 나타낸다. 말하자면, 생각과 감정, 꿈과 바람, 기억, 외부 세계의 지각, 신체감각 등이 이에 해당한다.

바퀴의 중심은 마음 안팎에서 일어나는 모든 일을 의식할 수 있는 마음속 공간이다. 그곳은 전전두엽 피질이라 할 수 있는데, 근본적으로 전체 뇌를 통합하도록 도와주는 부위라는 점을 기억하자. 또 바퀴 중심은 '실행 뇌executive brain'에 해당하며, 가장 합리적인 결정을 내리는 곳이다. 타인을 비롯해 자기 자신과 깊이 교감하게 해주는 곳이기도 하다. 중심에는 의식이 있고, 우리는 이 중심에서 바퀴의 테두리에 있는 다양한 지점에 초점을 맞출 수 있다.

'의식의 바퀴' 모형은 조쉬에게 곧바로 강력한 효과를 발휘했다.

| 의식의 바퀴 |

기억
생각
느낌
몸
신체적 감각
지각
의식적인
개방적인
평화로운
중심축
고요한
잘 받아들이는
명확한

이 모형을 통해 조쉬는 자신을 힘들게 하는 다양한 생각과 감정이 단지 자신의 여러 측면이라는 사실을 깨달았다. 그런 생각과 감정은 바퀴 가장자리의 몇몇 지점에 불과했기 때문에 조쉬는 그 지점들에 일일이 주의를 기울일 필요가 없었다. 티나는 조쉬가 초점을 맞추는 각각의 지점이 그때마다 조쉬 자신의 마음 상태를 결정한다고 가르쳐주었다.

다시 말해서, 불안하고 두려운 마음이 드는 까닭은 과제 점수로 B를 받을지 모른다는 두려움이나 밴드에서 솔로 연주를 할 때 음을 잊어버릴지 모른다는 걱정 등 불안함을 만들어내는 지점에 초점을 맞추기 때문이다. 위가 뭉친 느낌이나 어깨의 긴장 등 조쉬가 경험한 신체적 감각도 실패할지 모른다는 두려움에 초점을 맞추고 있기 때문이다.

마인드사이트를 통해 조쉬는 마음속에서 일어나는 일을 깨달았다. 그 결과, 모든 시간과 에너지를 부정적인 지점들에 쏟은 것이 바로 자신이었으니 원한다면 중심으로 돌아와서 큰 그림을 보고 바퀴 테두리의 다른 지점에 초점을 맞출 수 있다는 점을 깨닫게 되었다. 이러한 두려움과 걱정 역시 자신의 일부이긴 하지만 그것이 자신의 전체 존재를 대표하는 것은 아니었다. 그 대신 조쉬는 바퀴의 가운데에 있는 중심축으로 돌아와 전체를 살피며 어떤 지점에 초점을 맞추고자 하는지, 다른 지점에 얼마나 주의를 기울일지를 선택할 수 있었다.

두려움에 찬 몇몇 지점에 온통 주의를 기울이는 동안에는 안타깝게도 자신의 세계관에 통합될 수 있는 수많은 지점들을 놓치거나 외면하는 셈이 된다. 때문에 조쉬는 자신의 음악적 재능에 자신감을 가진다든지, 자기가 똑똑하다고 믿는다든지, 가끔 편안하게 즐거운 시간을 보낸다든지 하는 좀 더 생산적인 지점에 주의를 기울일 수 있는 모든 시간을 공부하고, 연습하고, 걱정하는 데만 쓰고 있었다.

티나는 우리의 다양한 측면, 우리가 누구인지를 말해주는 독특한 측면들을 통합해서 일부가 전체를 완전히 지배하지 않도록 하는 일이 얼마나 중요한지 조쉬에게 말해주었다.

이제 조쉬는 자신을 완벽주의로 몰고 가지 않는 건전한 방향으로 주의를 돌리려고 노력하기 시작했다. 이를테면 공부하는 시간을 얼마만큼 포기하더라도 방과 후 친구들과 어울리고 싶은 마음에 주의를 기울이기 시작했다.

더불어 모든 경기에서 1등을 하지 않아도 된다는 새로운 믿음에 초점을 맞추었다. 모든 음을 완벽하게 연주하려고 안달하지 않고 취미로 색소폰을 불 때 얼마나 기분이 좋은지 스스로를 일깨우는 혼잣말을 하기도 했다. 그렇다고 성취와 성공을 꼭 포기해야 하는 것은 아니었다.

그렇게 조쉬는 성취와 성공을 향한 마음과 편안하고 여유로운 마음을 통합하며 균형을 찾아갔다. 아주 사소한 실수에도 자책하는 조쉬가 아니라 훨씬 크고 위대한 존재인 조쉬로 중심을 세우면 성공을 향한 마음도 다양한 의식의 구성 요소 중 하나가 될 터였다.

물론 마인드사이트와 의식의 바퀴를 알게 되었다고 해서 완벽주의를 추구하려는 충동을 곧바로 가라앉히지는 못했다. 하지만 조쉬는 다양한 상황에 어떻게 대응할지 조금씩 조절해 나가겠다고 결정함에 따라 어려운 환경을 개선하는 것도 스스로 선택할 수 있다는 사실을 깨달았다. (그러다가 조쉬가 '덜 완벽해지는' 일을 완벽하게 해내지 못할까 봐 걱정하면서 좌절감을 느끼기 시작하는 바람에 조쉬와 티나는 함께 웃음을 터뜨리고 말았다.)

일시적인 감정을 자신으로 정의하는 오류

조쉬가 괴로워한 것은 의식의 바퀴에서 테두리의 한 지점에 빠졌기 때문이다. 다시 말해서 조쉬는 바퀴 중심에서 세상을 인지하고 많은 지점을 통합하는 대신 불안과 비판적인 마음을 만들어내는 몇 안 되는 지점에만 주의를 쏟았고, 그 결과 평온하고 수용적인 마음 상태를 경험하도록 도와주는 수많은 지점들과의 연결이 끊겼다.

이런 일은 아이들이 통합된 의식의 바퀴에 있지 않을 때 일어난다. 아이들도 어른들과 마찬가지로 바퀴 테두리의 특정 지점, 즉 자기 존재의 특정한 측면에 빠질 수 있다. 이럴 때 긴장이나 혼란을 경험하는 경우가 많다.

이런 상황에서 아이들은 '상태'와 '존재'의 차이를 혼동한다. 외로움이나 좌절 같은 특정한 마음 상태를 경험할 때, 아이들은 그것이 단지 일시적인 감정임을 이해하는 것이 아니라 그 일시적 경험을 바탕으로 자신을 정의하려 하기 쉽다. 이런 경우 "외로운 느낌이 들어"라든가 "지금 슬픈 기분이야"라고 말하는 대신 "난 외로워", "난 슬퍼"라고 말하게 된다.

여기서 위험한 것은 아이들이 일시적인 마음 상태를 불변하는 자신의 특질로 받아들일 수 있다는 점이다. 다시 말해 '상태'를 자신이 누구인지 말해주는 '특질'로 여기게 된다는 것이다.

학교에서 공부를 꽤 잘하는 아홉 살짜리 아이가 숙제와 씨름하는 모습을 상상해보자. 아이가 좌절하고 무능력한 느낌을 자신의 다른 측면들과 통합하지 않으면, 즉 그 감정이 더 큰 자신의 일부임을 깨닫지 못하면 아이는 일시적인 상태를 자기 성격의 영구적인 특질로 여기기 시작할지도 모른다. 그러고는 이렇게 말하는 것이다.

"난 정말 멍청해. 나한테는 숙제가 너무 어려워. 아마 절대로 이 숙제를 해낼 수 없을 거야."

하지만 아이가 부모의 도움으로 자신의 다양한 측면을 통합하고 자기 바퀴 테두리의 여러 지점들을 인식하게 된다면 특정한 순간의 특정한 감정만으로 자기의 정체성을 형성하지 않을 수 있다. 아이는 그 순간 숙제와 씨름하다가 좌절하기는 했지만 그렇다고 해서 자신이 멍청하다거나 앞으로 늘 그렇게 고생하리라는 건 아님을 깨닫도록 마음을 들여다보는 통찰력을 발휘해야 한다.

마음의 중심축에서는 테두리에 있는 다양한 지점들을 볼 수 있고, 비록 이번에는 고생을 했지만 예전에는 별문제 없이 숙제를 잘 해왔다는 사실을 깨달을 수 있다. 아니면 "이번 숙제는 정말 싫어! 완전 미칠 것 같아! 하지만 난 똑똑하잖아. 이번 숙제가 너무 어려웠을 뿐이야"라고 긍정적인 혼잣말을 하는 것도 바람직하다.

바퀴 테두리의 다양한 지점들을 인정하는 단순한 행위만으로도 통제력을 얻고 부정적인 느낌을 없애는 데 큰 도움이 된다. 아이는 여전히 자기가 멍청하다고 느낄지 모르지만 연습과 부모의 도움을 통해 일시적인 상태를 자신의 영구적인 특질로 여기지는 않을 것이다.

의식의 바퀴가 수행하는 좋은 역할은 이런 것이다. 의식의 바퀴는 무엇에 초점을 맞출지, 어디에 주의를 기울일지를 스스로 선택할 수 있다는 사실을 아이들로 하여금 깨닫게 해준다. 또한 다양한 측면을 통합하게 해주는 도구로서, 주의를 요하는 부정적인 생각이나 감정의 무리에 사로잡히지 않게 해준다.

이런 마인드사이트 능력을 계발한 아이들에게는 세상에 대응하는 방식과 자신의 경험을 다루기로 결정할 권한이 생긴다. 시간이 지남에 따라 연습을 통해 힘든 상황에서도 자신과 주변에 가장 유익한 방식으로 주의를 돌리는 법을 배운다.

뇌의 형태를 바꾸는 집중의 힘

마인드사이트가 선택의 권한을 주는 이유가 무엇인지 이해하려면, 먼저 바퀴 테두리의 특정 지점에 집중할 때 뇌에서 어떤 일이 일어나는지 이해하는 것이 도움이 된다. 앞서 언급했듯이 뇌는 새로운 경험에 따라 물리적으로 변화한다. 우리는 의도적으로 노력해서 새로운 마음의 기술을 익힐 수 있다. 나아가 새로운 방향으로 주의를 돌릴 때 뇌의 활동과 뇌의 구조마저 바꾸는 새로운 경험을 창조하는 셈이다.

새로운 경험에 따른 뇌의 변화는 다음과 같이 진행된다. 새로운 경험을 하거나 무언가에 집중할 때, 말하자면 이루고자 하는 목표나 감정에 집중할 때 신경 발화가 작동한다. 다시 말해 뉴런(뇌세포)이 갑자기 활동하기 시작하는 것이다. 신경 발화는 활성화된 뉴런 간의 새로운 연결을 형성하게 하는 단백질의 생성으로 이어진다. '함께 발화하는 뉴런은 연결된다'라는 사실을 상기하자.

뉴런의 발화에서 뉴런의 성숙과 뉴런 간의 연결 강화까지의 전체 과정을 가리켜 신경 가소성 또는 뇌 가소성neuroplasticity이라고 한다. 이 말은 뇌 자체가 본질적으로 경험과 주의의 대상에 따라 변하기 쉬운 부위라는 사실을 의미한다. 무언가에 주의를 쏟을 때 형성된 새로운 신경 연결은 우리가 세상과 상호작용하는 방식을 차례차례 바꾸어놓는다. 이런 식으로, 좋은 쪽으로든 나쁜 쪽으로든 연습은 기술이 되고 일정한 상태는 특질로 굳어질 수 있다.

주의 집중된 상태가 곧 뇌의 형태를 바꾼다는 사실을 보여주는 과학적 증거는 무수히 많다. 소리를 감지할 때 보상을 받는 동물, 이를테면 사냥을 하거나 사냥을 피할 때 소리를 이용하는 동물들의 뇌에서는 훨씬 큰 청각중추가 발견되는 한편 예민한 시력으로 보상받는 동물의 경우는 시각영역이 훨씬 넓다. 바이올린 연주자의 뇌를 찍어보면 더 많은 증거를 얻을 수 있다. 바이올린 연주자의 뇌에서는 현을 정확하고 빠르게 짚어야 하는 왼손에 해당하는 피질 영역이 놀라울 만큼 확장되고 성숙한 양상을 보인다.

또 다른 연구들은 택시 기사의 뇌에서 공간 기억에 중요한 역할을 하는 해마가 확대되어 있다는 사실을 밝혔다. 요컨대 뇌의 물리적 구조는 우리가 무엇을 연습하느냐, 어디에 주의를 향하느냐에 따라 변한다는 이야기다.

최근에 우리는 여섯 살 먹은 제이슨을 통해 이 원리가 작용하는 것을 확인했다. 제이슨은 가끔 비합리적인 두려움에 사로잡혔는데, 이 때문에 제이슨의 부모는 미칠 지경이었다. 급기야 제이슨은 자기 방 천장 선풍기가 부서져 자기에게 떨어질까 봐 잠자는 데 어려움을 겪기에 이르렀다. 제이슨의 부모는 끊임없이 그 선풍기가 얼마나 튼튼하게 붙어 있는지 보여주었고 제이슨이 침대에 있을 때 얼마나 안전한지 논리적으로 설명해보기도 했다.

하지만 밤이 되면 그 아이의 이성적이고 논리적인 상위 뇌에서 나오는 생각이 하위 뇌에서 나오는 두려움에 완전히 압도당했다. 제이슨은 선풍기의 나사가 헐거워져서 빙글빙글 도는 날개가 떨어지는 바람에 자기 몸과 침대, 다스 베이더가 그려진 시트가 갈기갈기 찢기면 어쩌나 걱정하느라 잘 시간이 한참 지나도록 깨어 있는 일이 잦아졌다.

제이슨의 부모는 마인드사이트에 대해 알고 나서 의식의 바퀴를 아이에게 설명해주었다. 그제야 제이슨은 자기뿐만 아니라 가족 모두를 평온하게 해주는 귀중한 도구를 얻은 듯했다. 제이슨도 조쉬와 마찬가지로 자신이 바퀴의 한 지점에 빠져서 천장 선풍기가 떨어지면 어떡하나 하는 공포에만 집중하고 있었음을 깨달았다.

제이슨의 부모는 아이가 신체감각을 인식할 수 있는 중심축으로 돌아오도록 도와주었다. 가슴의 두근거림, 팔다리와 얼굴의 긴장 같은 감각은 마음이 조금씩 강박 상태로 빠져든다는 신호였으므로, 그런 감각을 느낄 때면 제이슨은 마음을 가라앉혀주는 대상으로 주의를 돌리기 시작했다.

그런 다음 자신의 다양한 부분을 통합하는 다음 단계를 밟을 수 있었다. 제이슨은 부모님이 자기를 보호해줄 것임은 물론 선풍기가 떨어져 해를 입힐 수 있는 곳에서 자도록 내버려두지 않으리라는 확신, 그날 뒷마당에서 커다란 구멍을 파면서 즐겁게 시간을 보냈던 기억 등 테두리의 다른 지점에 대해 생각했다.

또한 자기 몸에서 느껴지는 긴장에 초점을 맞추고, 조언에 따라 스스로 마음을 다스리도록 도와주는 심상을 활용하기도 했다. 제이슨은 낚시를 좋아했던 터라 아빠와 함께 배를 타고 있다고 상상하는 법을 익혔다.

다시 모든 것은 의식으로 귀결된다. 제이슨은 자신이 바퀴 테두리의 한 지점에 빠졌음을 의식하는 한편 주의를 기울이는 방향에 다른 선택지들이 있음을 깨닫고서 초점을 옮김으로써 마음 상태를 바꾸는 법을 배웠다. 말하자면 제이슨은 자신과 가족들이 좀 더 편하게 사는 선택을 할 수 있었다. 이로써 제이슨의 가족은 천장 선풍기를 없애지 않고서도 고비를 넘겼다.

이번에도 통합은 상황을 인내하게 했을 뿐만 아니라 성공하도록 이끌었다. 마인드사이트는 단지 제이슨네 가족이 한밤의 난관을 한

번 인내하도록 도와주는 임시방편은 아니었다. 마인드사이트는 제이슨이 성인이 될 때까지 오랫동안 득을 볼 수 있을 근본적인 변화를 가져왔다.

다시 말해, 의식의 바퀴를 사용하고 주의의 방향을 바꿈에 따라 자연히 제이슨의 시각도 바뀌었다. 거기서 끝이 아니었다. 어린 나이인 제이슨이 마인드사이트 원리를 이해하고 바퀴의 다른 지점에 집중하는 연습을 하는 동안, 제이슨의 뇌에 있는 뉴런들은 새로운 방식으로 발화하고 새로운 연결을 만들어냈다.

새로운 발화와 연결은 뇌의 구조를 바꾸었고, 제이슨이 이번 사건에서 두려움과 강박에 덜 취약해지도록 하는 것에 그치지 않고 앞으로의 두려움과 강박에도 잘 견딜 수 있도록 해주었다. 이를테면 학교에서 열린 크리스마스 음악회 무대에 나가 노래를 불러야 할 때 굳어버린다든가, 친구 집에서 밤샘 파티를 할 때 걱정한다든가 하는 상황에서 두려움과 강박에 덜 사로잡히게 되었다.

마인드사이트 기법과 이 기법을 통해 제이슨이 키우게 된 의식은 실제로 제이슨의 뇌를 변화시켰다. 성격상 제이슨은 계속해서 어느 정도는 걱정을 다스리면서 살아갈지도 모른다. 하지만 앞으로 펼쳐질 인생에서 어린 시절에 이루어놓은 전뇌적 성과의 덕을 보게 될 것이며, 강박과 두려움을 다루는 데 강력한 효과를 내는 도구를 자유롭게 사용할 수도 있을 것이다.

제이슨의 엄마, 아빠도 알게 되었듯이, 마인드사이트 기법은 부모들에게 대단한 발견이다. 특히 자녀의 삶에 작용하는 통합의 힘을 안다면 더욱 그럴 것이다. 마음을 이용해서 삶을 통제할 수 있다는 사실을 이해하고 자녀에게 가르쳐주는 것은 매우 신나는 일이다.

우리는 주의의 방향을 돌림으로써 우리 내부와 외부 요소에 영향을 받는 데서 나아가 스스로 영향을 주는 단계에까지 이를 수 있다. 다양한 감정 변화와 존재의 안팎에 작용하는 힘을 의식하게 되면 그것을 인정하고 자신의 일부로 받아들일 수 있다.

하지만 그것이 우리를 괴롭히거나 규정하도록 놔둘 이유는 없다. 우리는 의식의 바퀴에서 다른 지점으로 초점을 옮길 수 있고, 그렇게 함으로써 통제 바깥에 있는 힘의 희생자가 아니라 주체적으로 생각과 느낌을 결정하고 영향을 주는 과정에 능동적인 참가자가 된다.

이러한 과정을 자녀들에게 알려준다면 강력한 힘이 될 것이다. 아이들이 기본적인 마인드사이트의 원리를 이해하고 초등학교에 들어갈 즈음의 어린 나이에 의식의 바퀴 개념을 자주 접할 때, 몸과 마음을 더욱 잘 다스리고 다양한 상황을 경험하는 방식을 실제로 바꿀 수 있는 권한이 생긴다. 아이들은 하위 뇌와 암묵 기억에 덜 휘둘릴 것이며 마인드사이트 기법은 이들이 통합된 뇌로 충만하고 건강하게 살아가도록 도와줄 것이다.

아이가 바퀴의 한 지점에 빠져 중심축으로 돌아오지 못할 때 어떻게 해야 할까? 다시 말해, 아이들이 어떤 상태에 사로잡혀 자신의 다른 부분들을 통합할 수 없다면 어떻게 해야 할까? 부모들은 이런 현상이 늘 일어난다는 것을 알고 있다. 조쉬와 완벽주의를 생각해보자.

조쉬는 의식의 바퀴와 자신의 다양한 측면을 이해하지만 여전히 남보다 앞서려는 욕구에 가끔 압도당할 때가 있다. 마찬가지로 제이슨도 천장 선풍기에 대한 두려움에 가끔 사로잡힐 것이다. 마인드사이트와 의식의 바퀴를 아는 것 자체는 매우 강력한 힘이 되지만, 그렇다고 아이들이 쉽게 다른 지점으로 주의의 초점을 옮기고 살아갈 수 있다는 것은 아니다.

아이들이 자신을 좁은 틀에 가두는 한 지점에 빠지지 않고 점차 자신의 다양한 측면을 통합해 나가도록 도우려면 어떻게 해야 할까? 아이들이 마인드사이트 기술을 계발하고 그 힘에 가까이 다가가서 스스로 삶을 통제하게끔 도우려면 어떻게 해야 할까?

이제 자녀에게 마인드사이트를 알려주고 날마다 활용할 만한 기술을 익히도록 이끌어줄 방법을 몇 가지 살펴보자.

습관
08

감정이 일시적임을 알게 하라

대수롭지 않게 여기기

아빠 모비가 그림을 찢어버려서 어쩌니? 하지만 걱정하지 마. 학교에서 또 그리게 될 거야.

NG!

감정이 일시적임을 가르치기

아빠 학교에서 그린 특별한 그림인데 모비가 찢어버려서 어쩌니? 지금은 모비가 싫을 거야. 하지만 어젯밤에 모비가 네 침대로 파고들 때는 기분이 어땠니?

아이 그땐 모비가 정말 좋았어요.

아빠 어떤 때는 좋고 어떤 때는 화가 난다는 걸 알겠지? 감정은 항상 변하는 것 같지 않니?

OK!

지금까지 계속 이야기했듯, 아이들이 자기의 감정을 알고 이해하는 일은 매우 중요하다. 하지만 감정은 일시적이고 변화하는 요소라는 사실도 알아야 한다. 감정은 상태이지 특질이 아니다. 감정은 마치 날씨와 같다. 비는 실재하는 것이므로, 퍼붓는 비를 맞으면서도 마치 비가 오지 않는다는 듯이 행동한다면 멍청한 짓이다. 하지만 영원히 비가 그치지 않으리라고 생각하는 것 또한 똑같이 멍청한 짓이다.

우리는 감정의 구름이 걷힐 수 있다는 사실을 아이들이 이해하도록 도와주어야 한다. 슬픔이나 분노, 상처와 외로움을 영원히 느낄 수는 없다. 처음부터 아이들이 이 개념을 이해하기는 어렵다. 상처받거나 겁에 질렸을 때, 항상 그렇지만은 않을 것이라고 상상하기 어려울 수 있다. 멀리 내다보기는 어른에게도 그리 쉬운 일이 아니니 아이들에게는 말할 것도 없다.

따라서 감정이 일시적인 것임을 아이들이 이해하도록 도와주어야 한다. 평균적으로 감정은 90초마다 변한다. 대개의 감정이 얼마나 순식간에 지나가는지 아이들에게 알려줄 수 있다면, 앞서 언급했던 조쉬가 "난 멍청하지 않아. 지금 멍청해진 기분이 들 뿐이야"라고 고쳐 말하게 되었듯이 아이들이 마인드사이트 기술을 발휘하도록 이끌어줄 수 있다.

어린 아이들은 어른의 도움이 필요하긴 해도 감정이 일시적이라는 생각을 분명히 이해할 수 있다. 감정이 일시적임을 더 이해할수록 바퀴에 빠지는 일이 줄어들 것이고, 바퀴 중심에서 결정을 내리며 살아갈 가능성이 커질 것이다.

단계별 코칭 8

감정이 일시적임을 알려주는 두뇌 습관

감정이 오고 가는 것임을 아이에게 상기시켜라. 두려움, 불만, 외로움 등은 영원한 특질이 아니라 일시적인 상태다.

❶ 영유아(0~3세)

- '상태'와 '존재'의 차이를 인식하기 위한 토대를 깔아주자. 어린 아이가 슬퍼하거나 화를 내거나 두려워할 때 그 상태가 그대로 유지되는 건 아니라는 사실을 이해시키자.

  예시 "나는 지금 슬픈 기분이야. 하지만 나중엔 행복해질 걸 알아."
- 진짜 감정을 묵살하지 않도록 조심하자. 현재의 감정을 인정하고 위로해준 뒤, 영원히 슬픈 기분을 느끼지 않을 것이고 곧 기분이 좋아지리라는 사실을 이해시켜라.

❷ 미취학 아동(3~6세)

- 아이가 화났을 때 위로해주면서, 감정은 왔다가 가버리는 덧없는 것임을 가르치자.
- 감정을 인정하는 것은 좋은 일이지만, "지금은 슬프지만 몇 분 안에 다시 행복해질 거야"라는 점을 깨닫는 것도 역시 좋은 일이라는 사실을 아이에게 알려주자. 그런 다음에 "너는 언제쯤 기분이 좋아질 거라고 생각하니?"라고 일종의 유도 질문을 해볼 수도 있다.

❸ 초등학교 저학년(6~9세)

- 아이가 자신의 감정에 대해 이야기할 때 쓰는 단어에 스스로 주의를 기울이도록 도와라. 이 사소한 변화를 통해 아이는 '상태'와 '존재'의 미묘하지만 중요한 차이를 이해할 수 있다. 그 순간에는 '무서운 느낌'이 들었을지 몰라도 그 경험은 일시적이지 영원한 것은 아니다.

예시 "난 무서워" → "무서운 느낌이 들어"

❹ 초등학교 고학년(9~12세)

- 이제 아이는 감정이 일시적이라는 점을 의식 수준에서 이해할 만큼 자랐다. 하지만 이 정보를 가르쳐주기 전에 반드시 아이의 감정을 먼저 들어주도록 하자. 아이의 감정을 확인했으면 그 감정이 영원히 지속되지 않음을 아이가 이해하도록 도와준다.
- "슬픈 느낌이 들어"와 "난 슬퍼"의 미묘하지만 중요한 차이를 강조하라. 이 점을 알려주려면 아이에게 그 느낌이 5분, 5시간, 5일, 5달, 5년 안에 어떻게 변하리라고 예상하는지 물어볼 수 있다.

습관
09

SIFT 놀이로 마음을 살펴라

무관심하게 반응하기

아이 잠이 안 와요. 미라가 무서워서요.

아빠 무서워할 것 하나도 없어. 옷장이고 침대 밑이고, 네 방에 미라는 아무 데도 없어. 안전하니까 이제 자라.

NG!

마인드사이트 기법으로 심상을 자유롭게 조정하기

아이 잠이 안 와요. 미라가 무서워서요.

아빠 그런 장면을 떠올리면 무섭겠지. 그럴 땐 어떻게 해야 하는지 아니? 머릿속에 떠오르는 그림을 바꾸면 돼!
음, 머릿속 그림을 조금 덜 무섭고 더 재미있게 만들어볼까? 미라가 발레복을 입고 야구 모자와 물안경을 쓰고 잠수할 때 쓰는 스노클을 물고 있다고 생각하면 어떻겠니?

아이 (머릿속에서 상상한다)

OK!

아이들이 마인드사이트 기법을 익히고 머릿속에 맴도는 여러 가지 생각, 바람, 감정들에 영향을 주려면 먼저 자신이 무엇을 경험하고 있는지 알아야 한다. 부모의 역할 중에서 가장 중요한 것은 아이들이 저마다의 의식의 바퀴에서 다양한 지점을 인식하고 이해하도록 도와주는 일이다.

이 이야기를 한다고 심각하게 둘러앉아 회의를 할 것까진 없다. 하루하루 아이와 함께 지내면서, 자기의 마음속 작용을 알아야 한다는 것을 어떻게 가르쳐줄지 궁리하는 게 중요하다. 최근에 티나는 일곱 살 난 아들을 학교에 태워다 주면서 아이에게 자기의 마음속 작용을 알게끔 해서 기분을 바꿔줄 수 있겠다는 생각이 들었다.

티나의 아들은 다저 스타디움에 가기로 한 약속이 미루어져서 화가 나 있었는데, 티나는 이 일을 기회 삼아 아이에게 의식의 바퀴 대신 '의식의 자동차 앞 유리windshield of awareness'를 알려줘야겠다고 마음먹었다.

"차 앞 유리에 있는 얼룩을 한번 볼래? 이 얼룩은 지금 네가 생각하고 느끼는 모든 것들이야. 엄청 많지! 이쪽 얼룩 좀 보렴. 이건 네가 지금 아빠한테 화난 부분이야. 여기 노란 벌레가 뭉개진 건 오늘 야구 경기를 보러 가지 못해서 실망한 마음이야. 그런데 이쪽에 튄 걸 봐. 이건 아빠가 다음 주말에 야구 보러 가자고 할 때 네가 아빠를 믿는 마음이야. 저쪽에 묻은 건 쉬는 시간에 라이언이랑 점심도 먹고 공놀이도 할 테니까 오늘도 즐거운 하루가 될 거라는 사실을 알고 있는 네 마음이야."

자동차 앞 유리든, 진짜 자전거 바퀴든, 피아노 건반이든, 근처에 있는 물건이면 뭐든 이용해도 좋다. 아이들이 자신에게 여러 측면이 있으며, 스스로 그 측면들을 알고 통합할 수 있다는 사실을 이해하도록 도와주면 된다.

아이들을 자기 바퀴에 있는 지점들로 향하도록 하는 최선의 방법은 아이들이 자신에게 영향을 끼치는 감각Sensations, 심상Images, 감정Feelings, 생각Thoughts을 통해 자기 마음을 SIFT(위의 네 가지 요소의 앞 글자를 따서 만든 말로 '살피다', '조사하다'라는 뜻이 있다)하는 법을 배우도록 도와주는 것이다.

예를 들어, 아이들은 몸의 감각Sensations에 주의를 기울임으로써 자기 몸속에서 무슨 일이 일어나는지 훨씬 잘 안다. 불안함의 표시로 속이 울렁거린다든가, 화가 나거나 좌절해서 뭔가를 치고 싶어진다든가, 슬퍼서 어깨가 무거워지는 것 등을 인식하는 법을 배울 수 있다. 불안할 때 몸이 긴장한다는 사실을 발견하면 스스로 마음을 가라앉히기 위해 어깨를 풀어주고 심호흡하는 법을 배울 수 있다. 배고픔, 피곤, 흥분, 언짢음 등 다양한 감각을 인식하는 것만으로도 많은 것을 이해하고 감정에 영향을 받을 수 있다.

감각 말고도 아이들이 세상을 바라보고 세상과 상호작용하는 방식에 영향을 주는 심상Images, 心像, 즉 마음속 그림을 통해 마음을

SIFT하는 법을 가르쳐주어야 한다. 엄마나 아빠가 병원 침대에 누워 있던 기억, 학교에서 창피했던 순간의 기억 등, 과거에서 온 그대로 남아 있는 장면도 있고 상상이나 악몽으로 꾸며진 장면도 있다.

예를 들어, 쉬는 시간에 혼자 남겨지거나 따돌림을 당할까 걱정하는 아이는 혼자서 쓸쓸히 그네 타는 장면을 떠올릴 수 있고, 밤이 무서워서 힘들어하는 아이는 무서운 꿈에서 본 장면을 떠올릴지 모른다. 마음속에서 돌아다니는 장면들을 알아차리고 나면, 마음을 들여다보는 통찰력을 이용해서 장면들을 통제하고 그 장면이 자신에게 행사하는 힘을 약화시킬 수 있다.

또한 아이들은 자신이 경험하는 감정Feelings을 통해 마음을 SIFT(살피는)하는 법을 배울 수도 있다. 천천히 시간을 들여 아이가 어떤 기분을 느끼는지 묻고 그 감정을 구체적으로 밝히도록 도와주면, 아이들은 '좋아요', '나빠요'처럼 두루뭉술한 묘사에서 발전해 실망, 불안, 질투, 흥분과 같이 정확한 표현을 사용하게 된다. 아이들이 특정한 감정을 구체적으로 표현하지 않는 이유는 감정의 다양성과 풍부함을 인식할 수 있도록 복합적인 방식으로 감정을 생각하는 법을 배운 적이 없기 때문이다.

그 결과 아이들은 폭넓은 감정의 스펙트럼에 걸쳐 반응하는 것이 아니라 감정의 그림을 주로 흑백으로만 그리고 만다. 우리는 아이들이 마음속에 무지개처럼 총천연색의 풍부한 감정이 있음을 인식하고 다양한 가능성에 주의 기울이기를 바란다.

전체 뇌에서 무슨 일이 일어나는지 들여다보는 통찰, 즉 마인드사이트가 없다면 아이들은 낡은 텔레비전에서 주야장천 틀어주는 재방송처럼 단조로운 흑백 세계에 갇힐 것이다. 풍부한 감정의 팔레트를 갖게 되면 깊고 강렬한 감정을 통해 선명한 총천연색 세계를 경험할 수 있다.

아이와 일상적으로 교류하면서, 그리고 아이가 말을 할 수 있기 전부터 "사탕을 못 받아서 실망했구나"와 같은 말로 이러한 내용을 가르쳐줄 수 있다. 아이가 성장함에 따라 미묘한 감정들을 차례로 알

| 감정 |

려줄 수 있다.

"스키 여행이 취소돼서 안됐구나. 엄마·아빠한테 그런 일이 일어났으면 엄마·아빠는 별별 감정을 다 느꼈을 거야. 화도 나고 실망도 하고 상처도 받고 풀도 죽었겠지. 또 어떤 기분을 느꼈을까?"

생각Thoughts은 감각, 심상, 감정과 달리 SIFT 과정에서 좌뇌에 가까운 영역을 맡는다. 우리가 생각하는 것, 스스로에게 하는 말, 언어를 사용해서 경험을 이야기하기 등이 여기에 해당한다. 아이들은 생각에 주의를 기울이는 법을 배울 수 있고, 그 생각들을 모두 믿을 필요 없이 유익하고 건전하지 않거나 사실이 아닌 생각에는 반박해도 된다는 점을 이해할 수 있다.

이런 자신과의 대화를 통해 아이들은 자기 존재를 제한하는 지점에서 주의를 돌려 성장과 행복으로 이끄는 지점에 주의를 기울일 수 있다. 마인드사이트 기법은 아이들이 바퀴의 중심으로 돌아와 생각에 주의를 기울이도록 해준다. 이 중심에서 아이들은 자기와의 대화를 통해 자기 존재의 중요한 일부인 생각과 감정을 돌이켜볼 수 있다. 이를테면 열한 살짜리 여자아이가 거울을 보면서 이렇게 말한다.

"캠프에서 햇볕에 타다니 완전 바보 같아. 정말 바보 같다고!"

하지만 이 아이가 엄마, 아빠에게 부정적인 생각에 반박하라고 배웠다면 상황에서 한 걸음 물러나 다시 이렇게 말했을 것이다.

"에이, 아냐. 바보 같지 않아. 가끔 뭔가 잊어버리는 건 정상적인 일이거든. 오늘 많은 애들이 햇볕을 충분히 쬐었을 거야."

우리는 아이에게 마음의 활동을 SIFT하도록 가르침으로써 아이들이 마음속에서 부정적인 지점이 아니라 다른 지점들을 인식하고 자신의 삶에서 통찰력과 통제력을 키우도록 이끌어줄 수 있다. 뇌가 어떻게 다른 자극을 받아들이는지 이야기하려면 이 전체 과정이 어떻게 통합되는지에 주목해야 한다.

우리 몸 전체에 뻗어 있는 신경계는 강력한 안테나처럼 작용하여 오감이 아닌 신체적 감각을 읽어낸다. 그러면 우뇌에서 심상을 끌어내 우뇌와 변연계에서 발생하는 감정과 결합시킨다. 그런 다음 좌뇌에서 나오는 의식적 생각과 상위 뇌에서 나오는 분석적 기술을 이 모든 것과 연결한다. SIFT 과정은 몸의 감각이 감정을 형성하고 그 감정이 생각과 심상을 형성한다는 중요한 내용을 이해하도록 도와준다.

감각, 감정, 생각의 순으로 작용하는 영향력은 반대 방향으로도 작용한다. 적대적인 생각을 하면 분노의 감정이 발생하고 그 결과 근육이 뻣뻣하게 긴장하게 된다. 감각, 심상, 감정, 생각을 나타내는 의식의 바퀴 테두리의 모든 지점은 저마다 영향을 주고받으며, 한군데 모여 우리의 마음 상태를 만들어낸다.

아이와 함께 차를 타게 되면 SIFT 놀이를 해보라고 권하고 싶다. 이 놀이는 SIFT 과정을 돕는 질문을 던지는 형식으로 다음과 같이 시작할 수 있다.

부모 엄마·아빠 몸의 감각Sensations이 뭐라고 말하고 있는지 얘기해볼게. 엄마·아빠는 배가 고파. 넌 어때? 네 몸은 뭐라고 말하고 있니?

아이 안전띠가 목에 닿아서 따끔따끔하다고요.

부모 아, 좋은 얘기네. 안전띠는 금방 조절해줄게. 머릿속 심상Images은 어때? 네 마음속엔 어떤 그림이 떠오르니? 엄마·아빠는 네 학교 연극에서 웃겼던 장면이랑 네가 재미있는 모자를 쓴 모습이 기억나.

아이 우리가 같이 봤던 영화 예고편이 떠올라요. 외계인 나오는 거 있잖아요?

부모 맞다, 그거 봐야지. 이제 감정Feelings을 이야기해보자. 엄마·아빠는 내일 할머니랑 할아버지가 오신다고 해서 정말 신이 나.

아이 저도요!

부모 좋아, S-I-F…… 이제 T, 생각Thoughts을 알아볼 차례네. 엄마·아빠는 우유를 사야겠다는 생각을 했어. 집에 도착하기 전에 가게에 들러야겠다. 넌 어떤 생각을 했니?

아이 클레어 누나가 저보다 심부름을 많이 해야 한다고 생각했어요. 누나니까요.

부모 (웃으면서) 네가 생각을 잘 떠올려서 엄마·아빠는 기뻐. 우리 좀 더 생각해보자.

이처럼 SIFT 놀이는 아이들이 자기의 마음속 상황에 주의를 기울이는 연습을 하는 데 도움이 되는 좋은 방법이다. 더불어 마음에 대해 이야기하는 것만으로도 마음의 발달을 돕는다는 사실을 기억하기 바란다.

단계별 코칭 9

자기감정을 이해하기 위한 두뇌 습관

아이들이 자기 내부의 감각, 심상, 감정, 생각을 인식하고 이해하도록 이끌어준다.

❶ 영유아(0~3세)

- 아이들이 자신의 내부 세계를 의식하고 그것에 대해 말하도록 도와라.
- 신체감각, 심상, 즉 마음속 형상, 감정, 생각을 의식하도록 유도하는 질문을 던져보라.

예시 "너 배고프니?"(감각), "할머니 댁을 생각하면 어떤 그림이 떠오르니?"(심상), "블록이 무너졌을 때 실망했지?"(감정), "걔가 내일 오면 어떤 일이 일어날 거라고 생각하니?"(생각)

❷ 미취학 아동(3~6세)

- 아이와 함께 아이의 내면세계에 대해 이야기하자. 아이가 자기 몸과 마음속에서 어떤 일이 일어나는지 알 수 있다는 사실을 이해시키자.
- SIFT가 아직 익숙하지 않을 테지만 질문을 통해 이 아이가 내면세계를 인식하도록 유도하자.

❸ 초등학교 저학년(6~9세)

- 아이에게 의식의 바퀴를 알려주자. 차 안에서나 저녁 식탁에서 SIFT 게임을 함께 해보고, SIFT가 무엇의 약자인지 가르쳐주어도 좋다.
- 자신이 느끼고 행동하는 방식을 통제하려면 우리 안에서 무슨 일이 일어나는지 알아야 한다. 이 점을 아이가 이해하도록 도와주자.

❹ 초등학교 고학년(9~12세)

- 의식의 바퀴를 자주 사용해서 떠오르는 생각을 이해하고 반응하도록 유도한다.
- 이 나이의 아이들 중에는 내부에서 일어나는 일을 들여다보는 SIFT의 개념에 관심을 보이는 경우가 종종 있다. SIFT를 이해함으로써 아이들은 자신의 삶에 통제 수단을 얻게 되지만 10대로 진입하면서 아이들의 삶은 점점 혼란에 가까워진다.

습관
10

감정의 중심으로 돌아와라

마음 상태 무시하기

아이 주사 맞고 싶지 않아요!

아빠 아주 잠깐 따끔할 뿐이야. 주사 맞고 난 다음에 아빠랑 밀크셰이크 먹으러 가자. 어때?

NG!

마인드사이트 기법으로 감정에 집중하기

아이 주사 맞고 싶지 않아요!

아빠 아빠도 알아. 우리 이런 거 해볼까? 눈을 감고 할아버지 댁에 있는 그물 침대에 누워서 천천히 흔들리고 있다고 상상해봐. 그게 얼마나 평화로운 기분인지 기억하지?

아이 음, 네.

아빠 지금 그런 기분을 느끼려고 해봐. 그리고 네 몸 전체가 차분하게 진정되는 걸 보렴.

OK!

앞에서 마인드사이트와 초점이 맞추어진 주의의 힘에 대해 이야기했다. 아이들이 의식의 바퀴 한 지점에만 주의를 고정하고 있다면 시선을 옮김으로써 통합된 상태가 되도록 해주어야 한다. 그러면 아이들은 내면의 감각, 심상, 감정, 생각의 희생자가 되지 않아도 된다는 점을 알 수 있고, 자기 경험에 대해 어떻게 생각하고 느낄지 결정할 수 있다.

아이들이 이 모든 과정을 저절로 깨달을 수 없지만 주의를 다시 중심축에 맞추는 법은 쉽게 배운다. 우리는 아이들에게 스스로 마음을 진정시키고 다양한 감정과 욕구를 통합하는 도구와 전략을 제공해줄 수 있다. 부모로서 할 수 있는 가장 좋은 방법은 중심으로 돌아오는 데 도움이 되는 마인드사이트 기법을 알려주는 것이다. 아이들이 자기 바퀴의 중심으로 돌아오도록 도와주는 것은 주의를 집중하고 중심을 유지하도록 도와주는 것과 다름없다. 그러면 아이들은 자기의 감정과 마음 상태에 영향을 주는 수많은 지점을 계속 의식할 수 있다.

아홉 살인 니콜의 엄마 안드레아는 음악 연주회를 앞둔 딸이 불안을 다스릴 수 있도록 바퀴의 중심으로 돌아오는 것을 도왔다. 연주회 날 아침 안드레아는 당연한 일이지만 니콜이 친구들과 학부모들 앞에서 바이올린을 연주하는 것에 불안해하고 있음을 알아차렸다.

안드레아는 그런 기분이 드는 것도 당연하다고 생각했지만 한편으로는 딸이 바퀴의 한 지점에 심하게 빠지지 않도록 아이에게 마인드사이트 기법을 알려주었다. 안드레아는 니콜을 소파에 반듯이 눕게 하고 그 옆 의자에 앉았다. 그러고 나서 딸이 자기 마음속에서 일어나는 일을 의식하도록 도와주기 시작했다. 다음은 안드레아가 니콜에게 이야기한 내용이다.

> 좋아, 니콜. 가만히 누운 채로 눈을 움직여서 방을 둘러보렴. 머리를 움직이지 않더라도 탁자 위의 스탠드가 보일 거야. 이제 네 어린 시절 사진을 봐. 보이니? 이제 책장을 봐. 저기 두꺼운《해리 포터》책 보이니? 이제 다시 스탠드를 봐.
> 방 구석구석에 주의를 집중하는 방법을 알겠지? 엄마가 가르쳐주고 싶은 게 바로 그건데, 이번엔 네 몸과 마음속에서 일어나는 일에 주의를 집중할 거야. 눈을 감고 네 생각과 감정, 감각에 집중해보렴. 무엇이 들리는지부터 시작해볼까? 엄만 잠깐 조용히 하고 있을 테니까 우리 주변에서 나는 소리에 주의를 기울여봐.
> 무슨 소리가 들리니? 차 지나가는 소리? 길 건너편에서 개가 짖는 소리? 동생이 화장실 물 내리는 소리도 들리지? 네가 이 소리들을 의식하는 건 조용히 소리를 듣는 데 집중했기 때문이야. 일부러 들으려고 한 거지.
> 이제 숨 쉬는 데 주의를 기울여봐. 먼저 코로 숨이 들어오고 나가는 걸 의식하는 거야. …… 자, 이제 네 가슴이 오르내리는 걸 느껴봐.

…… 이젠 숨을 들이마시고 내쉴 때마다 배가 움직이는 걸 의식하고. ……

다시 엄마는 잠깐 조용히 있을 테니 그대로 계속 숨 쉬는 데 초점을 맞춘 상태를 유지해봐. 다른 생각이 머릿속에 떠오를 거야. 아마 연주회 생각도 하겠지. 괜찮아. 마음이 어수선해지고 다른 생각을 하게 되거나 걱정되기 시작하면 다시 숨 쉬는 데 집중해. 들이쉬고 내쉬는 숨의 흐름을 따라가면 된단다.

• • •

1분쯤 지나 안드레아는 니콜에게 눈을 뜨라고 한 뒤 일으켜 앉혔다. 안드레아는 이 기법이 몸과 마음을 고요히 가라앉히는 데 효과적인 방법이라고 설명하고, 필요할 때를 대비해 이 기법을 마음에 두고 있으라고 일렀다. 이를테면 연주 무대에 올라가기 직전에 필요할지 모르니 말이다. 바이올린을 연주하기 직전에 심장이 두근거리기 시작한다면 눈은 뜨더라도 아까처럼 숨이 들어오고 나가는 것에 집중하면 될 터였다.

이와 같이 마음을 가라앉히는 마인드사이트 기법이 단순하기는 하지만 아이에게 강력한 도구로서 두려움과 힘겨운 감정을 다루는 데 도움이 된다는 사실을 알 수 있다. 게다가 이 기법은 통합으로도 이어진다. 여러분도 알다시피, 주의를 집중하는 곳에서는 뉴런이 발화하여 활성화되고 다른 뉴런과 연결된다. 위의 사례에서 안드레아가 숨쉬기에 초점을 맞추도록 니콜을 도와주었을 때 단지 니콜의 불안한 마음만 다루었던 것이 아니다.

안드레아는 딸이 의식의 바퀴 중심으로 돌아옴으로써 자기의 다른 측면과 신체감각을 인식하고 의도적으로 변화시킬 수 있도록 도운 것이다. 니콜이 숨쉬기에 의식적으로 초점을 맞춘 행위와 관련된 뉴런은 차분하고 행복한 감정과 관련된 뉴런에 연결되었다. 그 결과 니콜은 바퀴의 중심으로 돌아갈 수 있었고 완전히 새로운 마음 상태로 옮겨 갔다.

이 사례는 학령기 아동에 초점을 두었지만 이보다 어린 아이들도 마인드사이트 기법의 효과를 얻을 수 있다. 네다섯 살밖에 되지 않은 아이들 역시 숨쉬기에 집중하는 법을 배울 수 있다. 아이들을 눕히고 배 위에 배 모양의 장난감을 올려놓게 하는 것도 좋은 방법이다. 아이들에게 장난감에 집중하라고 한 뒤 숨의 흐름을 타고 오르내리는 배 장난감을 지켜보게 하는 것이다.

하지만 마인드사이트 기법을 사용하려고 꼭 누워서 명상과 같은 상태에 들어가야 하는 것은 아니다. 아이들이 불안이나 두려움을 느낄 때, 아니면 잠조차 이루지 못할 때 우리가 줄 수 있는 최선의 방책은 고요하고 평화롭다고 느끼는 장소를 그려보라고 가르치는 것이다. 수영장에서 고무보트를 타고 떠다닌다든지, 캠핑하는 강가에 앉아 있다든지, 할아버지 댁의 그물 침대에 누워서 천천히 흔들리고 있다든지 하는 상상을 하는 것이다.

마인드사이트 기법은 아이들이 불안, 좌절을 다루고 나이가 좀 더 든 아이들이 강렬한 분노를 다룰 수 있도록 해주는 '인내하기' 기술로 이어진다. 하지만 마인드사이트 기법에서 나오는 전략들은 '성공하기'로 이어지기도 한다.

안드레아가 연주회 전에 니콜에게 마인드사이트 기법을 알려준 뒤,(결국 니콜은 마음을 가라앉히고 아름답게 연주했다.) 이들은 때때로 비슷한 기법을 사용하곤 했다. 안드레아가 니콜로 하여금 위에 언급한 방법처럼 특정한 장면을 시각화하도록 하는 식이었다. 자라는 동안 이런 연습을 꾸준히 하면서, 니콜은 자기 바퀴의 중심에 대해 이해하기 시작했고 바퀴의 중심으로 쉽고 빠르게 돌아갈 수 있었다. 니콜은 계발하고 성숙시키고자 하는 측면에 정확하고 구체적으로 초점을 맞추는 법을 배웠다.

때론 아이들이 차분하고 고요해지는 법을 배우고 자신의 중심에서 깊은 바다처럼 평화로움을 되찾도록 도와줄 방법을 찾아보아도 좋다. 바퀴의 중심에서 아이들은 시시각각 마음속에서 끓어오르는 폭풍을 인내할 수 있으며, 어른이 될 때까지 감정적·심리적·사회적으로 성공할 수 있는 좋은 기회를 얻게 될 것이다.

단계별 코칭 10

감정에 집중하기 위한 두뇌 습관

마인드사이트 연습은 자신을 고요히 다스리고 원하는 곳에 주의를 집중하는 법을 가르치는 것이다.

❶ 영유아(0~3세)

- 아주 잠깐이라면 어린 아이들도 조용히 심호흡하는 법을 배울 수 있다. 아이를 눕히고 배 위에 장난감 배를 올려놓는다. 장난감이 천천히 올라갔다 내려갔다 하도록 천천히 숨 쉬는 법을 알려주자.
- 아이가 아직 많이 어리므로 이 연습은 아주 짧게 하는 것이 좋다. 아이가 고요하고 평온한 감정을 경험하는 걸로도 충분하다.

❷ 미취학 아동(3~6세)

- 차분하게 호흡하는 연습을 시키자. 특히 간단하게 연습한다면 잘할 수 있다.
- 아이를 눕히고 배 위에 장난감 배를 올려놓아라. 장난감이 천천히 올라갔다 내려갔다 하게끔 천천히 숨 쉬는 법을 알려줘라. 이 또래 아이들의 생생한 기억력을 이용해서 주의를 집중하거나 감정 상태를 바꾸는 연습을 시켜라.

  예시 "네가 지금 바닷가의 따뜻한 모래 위에서 쉬고 있고, 아주 차분하고 행복한 기분이라고 상상해봐."

❸ 초등학교 저학년(6~9세)

- 이 나이의 아이들은 마음을 고요하게 가라앉히고 집중하는 것이 어떤 이득을 주는지 이해하고 느낄 수 있다. 아이들에게 차분하고 고요해지는 연습을 시키고, 그 안에서 즐거움을 느끼게 하자.
- 시각화와 상상을 통해 마음을 유도함으로써 평화와 행복을 이끌어내는 생각과 감정에 주의를 집중하는 능력이 아이들 자신에게 있음을 보여주자.
- 아이들이 마음을 다스려야 할 때에는 언제든 속도를 늦추고 호흡에 주의를 기울일 수 있다는 사실도 보여줄 수 있다.

❹ 초등학교 고학년(9~12세)

- 마음을 고요하게 가라앉히고 집중하는 데서 얻을 수 있는 이득을 아이에게 설명해주자. 아이들에게 차분하고 고요해지는 연습을 시키며, 그 안에서 즐거움을 느끼게 할 수 있다.
- 평화와 행복을 이끌어내는 생각과 감정에 집중하는 능력이 아이들 자신에게 있음을 보여주자. 이 책에 나오는 몇 가지 연습을 아이에게 소개한다. 이를테면 시각화와 호흡에 집중하는 방법 등이다.

실 천 하 기

마음속에 질문을 던지는 연습

의식의 바퀴 중심에서 SIFT를 이용해 자신의 마음을 들여다보자. 여러분은 지금 어떤 지점에 주의를 기울이고 있는가? 혹시 다음과 같지는 않은가?

- 정말 피곤하네. 딱 한 시간만 더 잤으면 좋겠다.
- 아, 짜증나. 아들 녀석 야구 모자가 마룻바닥에 뒹굴고 있잖아. 이따가 집에 오면 혼내줘야지. 참, 숙제에 대해서도 한마디 해야 해.
- 오늘 쿠퍼 씨 가족과 저녁 약속이 있는데, 가면 재미있겠지만 약간은 안 가고 싶기도 하네.
- 피곤해.
- 나 자신을 위해 많은 것을 했으면 좋겠어. 적어도 책 한 권 읽는 정도의 즐거움은 주고 싶다고.

- 내가 피곤하다고 말했던가?

모든 감각, 심상, 감정, 생각들은 여러분의 의식의 바퀴 위에 있는 점들이다. 이것들이 모여 마음 상태를 결정한다. 이제 의도적으로 다른 지점에 주의를 집중할 때 어떤 일이 일어나는지 살펴보자. 잠시 속도를 늦추고 마음을 고요히 가라앉힌 다음 스스로에게 이런 질문을 던져보자.

- 최근 우리 아이가 사랑스럽거나 재미있게 말하고 행동했던 일은 무엇인가?
- 가끔 굉장히 어려운 일이기는 하지만, 부모가 된 것에 진심으로 기뻐하고 감사하는가? 부모가 되지 않았다면 어떤 기분을 느꼈을까?
- 지금 우리 아이가 가장 좋아하는 티셔츠는 무엇인가? 아이가 처음으로 신었던 신발을 기억할 수 있는가?
- 우리 아이가 열여덟 살이 되어서 짐을 꾸려 대학교 기숙사로 떠나는 장면을 마음속에 그려볼 수 있는가?

이제 기분이 다른가? 여러분의 마음 상태가 바뀌었는가?

그렇다면 마인드사이트 덕분이다. 여러분은 의식의 바퀴 중심에서 여러 지점들을 인식했고 무엇을 경험하고 있는지 의식했다. 초점을 옮기고 다른 지점으로 주의를 돌린 결과 여러분의 마음 상태가 전체적으로 바뀌었다. 이것이 마음의 힘이며, 여러분이 자녀에 대해 느끼고 그들과 교류하는 방식을 마음이 어떻게 그토록 근본적으로 바꿔놓을 수 있는지 보여주는 증거다.

마인드사이트 기법을 사용하지 않으면 주로 좌절과 분노, 억울함을 느끼며 바퀴의 한 지점에 빠질 수 있다. 그 순간 부모 노릇의 즐거움은 사라지고 만다. 하지만 중심으로 돌아오고 초점을 옮김으로써 여러분은 부모로서 그 아이를 기르게 된 것에 감사와 기쁨을 느끼기 시작할 것이다. 새로운 지점에 주의를 향하기로 결정하고 실제로 주의를 기울이기만 하면 된다.

또한 마인드사이트 기법은 엄청나게 실용적이다. 예를 들어, 자녀에게 마지막으로 화를 낸 때를 지금 잠시 생각해보자. 화가 머리끝까지 치밀던 때를 생각해보는 것이다. 아이가 어떤 짓을 했고 여러분이 얼마나 길길이 뛰었는지 떠올려보자. 가끔 이런 식으로 화가 걷잡을 수 없이 끓어오를 때가 있다. 사실 너무 맹렬하게 끓어오르는 바람에 자녀에 대한 여러분의 감정과 지식에 해당하는 다른 부분보다 훨씬 두드러져 보인다.

이 감정과 지식이란, 네 살짜리 자녀가 네 살짜리답게 행동하고 있음을 이해하는 마음, 불과 몇 분 전에 아이와 함께 카드놀이를 하다가 실컷 웃어댄 기억, 아무리 화나도 아이의 팔을 꽉 잡지 않겠다던 약속, 분노를 적절하게 표현하는 모범을 보이겠다는 바람 등이다.

다음 내용은 중심을 통해 통합되지 않은 경우 바퀴의 몇몇 지점에 휘둘릴 때의 상황이다. 하위 뇌가 상위 뇌의 통합적 기능을 모두 장악하고, 활활 타오르는 분노를 나타내는 한 지점의 광휘가 다른 지점을 온통 가린다. '뚜껑이 열린 상태'를 기억하는가?

이럴 때는 어떻게 해야 할까? 그렇다, 바로 통합이다. 마인드사이트를 활용해야 한다. 숨쉬기에 초점을 맞추어 적어도 마음의 중심으로 돌아가기 시작할 수 있다. 이것은 분노에 해당하는, 하나 또는 몇몇 지점에 사로잡히지 않도록 물러서는 데 필요한 단계이다. 일단 중심에 들어가면, 마음속에 다른 지점들이 있음을 넓은 시각으로 받아들일 수 있게 된다.

이렇게 하려면 물을 마시거나 휴식을 취하고, 스트레칭을 하는 등 스스로에게 추스를 시간을 주어야 한다. 일단 주의를 중심으로 향하면 여러분이 아이에게 어떻게 반응하고 싶은지, 필요하다면 아이와의 관계에 생긴 틈을 어떻게 메울 것인지 자유롭게 결정할 수 있다.

그렇다고 해서 아이의 잘못된 행동을 무시하라는 뜻은 아니다. 사실 통합될 마음속 수많은 지점들 중에는 명확하고 일관된 경계를 세우려는 부모들의 믿음도 있다. 여러분이 받아들일 수 있는 관점은 아이가 조금 다르게 행동해주었으면 하는 바람부터 자신이 어떻게 대응했는지 걱정하는 마음까지 다양하다. 이 모든 지점을 한데 연결할 때, 즉 바퀴의 중심을 이용해서 그 순간 마음을 통합할 때 여러분은 계속해서 적절하고 세심하게 아이를 양육할 준비가 되어 있음을 느낄 것이다.

뇌 전체가 함께 움직이는 상태가 되면 여러분 자신과 교감하는 상태이므로 아이들하고도 교감이 가능하다. 그러면 바퀴 위에서 맹렬하게 끓어오르는 한 지점에서 나오는 즉각적인 반응 대신, 하나의 전체인 여러분의 있는 그대로의 모습과 더불어 마인드사이트를 이용하여 여러분이 바라는 대로 양육할 가능성이 훨씬 커질 것이다.

말 해 주 기

불쾌한 기분에 빠져버리지 않으려면?

지금까지 몇몇 부모들이 자녀들에게 마인드사이트 기법과 주의의 힘에 대한 몇 가지 사례를 살펴보았다. 다음은 위에 설명한 개념을 가르치기 위해 여러분의 자녀와 함께 읽어볼 수 있는 내용이다.

어떤 감정이나 생각에 '빠져버렸다'라고 느낄 때가 있니? 불쾌한 기분이 너무 강렬해서 행복하고 신나는 기분이나 생각을 잊어버리게 만드는 순간 말이야. 좋은 소식이 있는데, 네가 속상한 기분에 빠져 있을 필요가 없다는 거야. 넌 그런 기분에 빠지지 않고 너의 다른 측면들에 초점을 맞추는 법을 배울 수 있어.

예를 들어볼까?

나심은 철자 맞히기 대회 생각을 멈출 수가 없었어. 점심도 먹고 싶지 않았고, 쉬는 시간에도 놀고 싶지 않았지, 너무 걱정한 나머지 배가 아프기까지 했어. 온통 철자 맞히기 대회 생각뿐이었어. 나심은 불안했던 거야.

그때 앤더슨 선생님이 나심에게 의식의 바퀴에 대해 가르쳐주셨어. 앤더슨 선생님은 마음이 자전거 바퀴와 같다고 하셨지. 바퀴 가운데에 있는 중심축은 마음을 편안하게 가라앉히고 뭘 생각할지 선택할 수 있는 안전한 곳이야.

바퀴의 가장자리에는 나심이 생각하고 느끼는 것들이 모두 들어 있어. 쉬는 시간에 야구하기를 얼마나 좋아하는지, 엄마가 점심으로 싸주셨을지 모르는 깜짝 메뉴 같은 것 말이야. 물론 바퀴에는 철자 맞히기 대회에 대한 불안함도 있지. 앤더슨 선생님은 나심이 자기 바퀴에서 불안한 부분에만 초점을 맞추고 다른 부분을 무시하고 있다고 설명해주셨어. 앤더슨 선생님은 나심에게 눈을 감게 하고 숨을 세 번 깊이 쉬라고 하셨어. 선생님은 이렇게도 말씀하셨지.

"넌 지금까지 철자에 대한 걱정에만 초점을 맞췄어. 이제 바퀴에 있는 다른 부분에도 초점을 맞췄으면 좋겠구나. 그 바퀴엔 야구가 얼마나 재미있는지에 대한 부분도 있고 맛있는 점심을 상상하는 부분도 있잖아."

나심은 씩 웃었고, 배도 꼬르륵거리기 시작했어. 눈을 떴을 때 나심은 기분이 훨씬 좋아진 걸 느꼈어. 나심은 의식의 바퀴를 사용해서 철자 대회 걱정이 아닌 생각과 기분에 초점을 맞추었고, 기분을 바꾸었어. 조금은 불안했지만 걱정에만 빠져 있지는 않았지.

나심은 불안한 마음만 생각할 필요가 없다는 걸 알게 되었고, 자기 마음을 사용해 걱정이 아니라 즐거움을 느끼게 해주는 다른 생각을 할 수 있다는 것도 깨달았어. 나심은 점심을 맛있게 먹고 밖으로 뛰어나가 야구를 했단다.

6장

혼자서 행복한
아이는 없다

의미 있는 인간관계를 누리길 바라는가

일곱 살짜리 아들 콜린은 좋은 아이였다. 학교에서 말썽을 부리지도 않았고 친구들과 친구들의 부모들도 콜린을 좋아했으며, 대체로 자기 할 일을 하는 아이였다. 하지만 론과 샌디의 말에 따르면 콜린은 '진저리가 날 정도로 완전히 이기적인' 아이였다. 콜린은 자기 접시에 음식이 있어도 마지막 피자 조각을 낚아채곤 했다. 또 강아지를 키우고 싶다고 졸라서 키우기 시작했는데 강아지와 노는 데 전혀 관심을 보이지 않았고 변을 치우는 일은 말할 것도 없었다. 장난감을 뗄 나이가 되어서도 남동생이 자기 장난감을 가지고 못 놀게 했다. 론과 샌디는 아이들이 어느 정도의 자기중심적 사고가 나타나는 것이 정상이라는 사실을 알고 있었다. 그들은 콜린을 있는 그대로 사랑하고 싶었던 터라 성격을 바꾸려 하지는 않았다. 하지만 가끔 콜린이 아예 다른 사람을 생각할 능력이 없는 것처럼 행동해서 엄마, 아빠를 미칠 지경으로 몰아갈 때가 있었다. 공감, 친절, 배려 등의 인간관계 기술에 관해서라면, 콜린은 그 부분이 빠진 채 발달하는 것 같았다. 그러다 상황이 한계점에 도달했다.

어느 날 수업이 끝나고서 콜린이 다섯 살짜리 남동생 로건과 함께 쓰는 방으로 사라졌을 때였다. 부엌에 있던 론은 아이들 방에서 들려오는 고함 소리에 놀랐다. 론은 무슨 일인지 알아보러 달려가서 이성을 잃은 로건을 보았다. 그 아이는 형에게 불같이 화를 내며 그림과 트로피 더미를 보고 울부짖고 있었다.

콜린이 그 방을 '다시 꾸미기로' 했던 것이다. 콜린은 벽에 걸려 있던 로건의 수채화와 마커로 그린 그림을 모조리 떼어내고 그 자리에 자기 포스터와 야구 카드를 붙였다. 포스터와 야구 카드들을 그 방에서 가장 넓은 벽에 테이프로 나란히 붙여둔 것이다. 게다가 콜린은 선반에서 남동생의 축구 트로피를 치우고 그 자리에 인형들을 늘어놓았다. 콜린은 로건의 물건들을 방 한구석에 몰아 쌓아놓고 이렇게 말했다.

"이래야 방해가 안 되지."

집에 돌아온 샌디는 큰아들을 향한 좌절과 불만에 대해 남편과 이야기를 나누었다. 부부는 콜린의 행동에 악의는 없다고 진심으로 믿었다. 사실 그게 문제였다. 콜린이 로건을 생각하는 마음은 상처를 주려고 마음먹을 만큼도 못 되었다. 콜린은 늘 마지막 피자 조각을 집어 들 때와 똑같은 이유로 방을 다시 꾸몄다. 그냥 다른 사람이 안중에 없었다.

• • •

부모들에게 흔히 발견할 수 있는 모습이다. 우리는 아이들이 다정하고 배려하는 사람이 되어 의미 있는 인간관계를 누리기를 바란다. 이따금 바라는 만큼 아이들이 인정이 많거나 감사할 줄 알거나 너그럽지 않기 때문에 앞으로도 쭉 그렇게 자랄까 봐 두려워한다. 물론 일곱 살 된 아이에게 현명한 어른처럼 행동하기를 기대할 수는 없다. 아이들이 강인하고 너그러우며 공손하고 다정한 사람이 되기를 바라지만 이제 막 운동화 끈 묶는 법을 배운 아이에게 이런 바람은 과한 기대이다.

아이들에게 바라는 것의 상당수가 시간이 흘러야만 나타날 것이라고 생각하고 그 과정을 믿는 것도 중요하다. 하지만, 아이들을 잘 이끌어서 아동기와 청소년기를 지나 원만한 인간관계를 맺고 타인의 기분을 고려하는 어른이 되도록 부모가 독려할 수도 있다. 어떤 사람들은 공감과 인간관계를 담당하는 회로에 신경 연결이 더 적게 형성되어서 이 부분에 어려움을 겪기 때문이다.

글을 읽기 힘들어하는 아이가 읽기 연습을 하여 뇌 속의 신경 연결을 늘려야 하는 것과 마찬가지로, 다른 사람과의 관계를 어려워하는 아이는 그것에 해당하는 신경 연결을 촉진하고 늘려 가야 한다. 학습 장애가 지적 장애의 한 신호이듯, 다른 사람의 고통을 느끼지 못하는 것도 마찬가지다. 이것은 성격상의 문제라기보다 발달상의 문제이다. 교감하고 동정하지 못하는 것 같은 아이들도 인간관계란 무엇인지 배우고 그에 따르는 책임을 수행하는 법을 배울 수 있다.

이 장에서는 그런 이야기를 하려 한다. 앞에서 살펴본 내용은 대부분 자녀들에게 강인하고 회복이 빠른 '나'라는 감각을 길러주기 위해 전체 뇌whole brain를 계발하도록 도와주는 방법에 초점을 맞추었다. 론과 샌디처럼 여러분도 아이들이 다른 사람들과 자아를 통합하려면 '우리'의 일부가 된다는 것이 무엇인지 이해하는 데 도움을 받아야 한다는 사실을 알고 있다. 시시각각 변하는 현대사회에서, '나'에서 '우리'로 옮겨 가는 법을 배우는 것은 앞으로의 세계에 적응하기 위한 필수 과제인지도 모른다.

아이들이 개인으로서 '나'와의 접촉을 유지하면서 '우리'에 참여하는 구성원이 되도록 도와주는 일은 모든 부모에게 어려운 과제이다. 하지만 행복과 성취는 개인 고유의 정체성을 지키면서 다른 사람과 교감하는 데서 온다. 이것은 또한 마인드사이트의 본질이기도 하다. 기억하겠지만 마인드사이트란 우리 자신의 마음은 물론, 다른 사람의 마음도 들여다보는 일이다. 또한 건전한 자아 감각을 유지하면서 충실한 인간관계를 발달시키는 일이기도 하다.

이 장에 앞서 마인드사이트의 첫 번째 측면, 즉 자신의 마음을 들여다보고 이해하는 과정을 알아보았다. 다시 말해, 아이들이 의식의 바퀴를 통해 자아의 다양한 측면을 의식하고 통합하도록 도와주는 일에 대해 살펴본 것이다. 여기서 알 수 있듯이 마인드사이트의 첫 번째 측면에서 핵심 개념은 개인적인 '통찰력'이다.

이제 마인드사이트의 두 번째 측면인 다른 사람의 마음을 들여다보고 관계를 맺는 능력의 계발에 주목하고자 한다. 관계는 다른 사람의 감정, 바람, 관점의 인식, 즉 '공감'에 달려 있다. 론과 샌디의 아들에게는 이 공감 기술이 필요한 듯했다. 전체 뇌와 자신의 다양한 측면들을 계발하고 통합하는 것에서 그치지 않고 다른 사람의 입장에서 사물을 바라보고 다른 사람의 마음을 들여다보는 연습도 많이 해야 했다. 요컨대 마인드사이트의 두 번째 측면을 발달시킬 필요가 있었다.

통찰력 + 공감 = 마인드사이트

통찰력과 공감. 아이들에게 이 두 가지 특질을 길러준다면 우리는 그들에게 마인드사이트라는 선물을 주고, 자기 자신을 의식하며 주변 사람들과 연결되도록 할 수 있다. 하지만 어떻게 해야 할까? 아이들을 한 개인으로서 자아 감각을 유지하고 함양하는 동시에 가족과 친구, 세상과 연결되도록 해주려면 어떻게 해야 할까? 아이들이 나누는 법을 익히도록 도와주려면 어떻게 해야 할까? 형제자매와 잘 지내게 하려면? 또래끼리의 사회생활에서 성공하게 하려면? 의사소통을 잘하고 다른 사람의 감정을 고려하게 하려면?

질문들의 답은 '나-우리' 연결에서 나온다. 인간관계 형성에서 뇌가 어떻게 작용하는지 먼저 살펴봄으로써 '나-우리' 연결을 이해해 보자.

혼자가 아닌
우리에 맞추어진 뇌

뇌에 대해 생각할 때 어떤 그림이 떠오르는가? 아마도 고등학교 생물 시간에 병에 든 괴상한 기관을 보았거나 교과서에서 보았던 장면이 떠오를 것이다. 흔히 각자의 두개골에 담긴 뇌가 다른 사람들의 뇌와 완전히 분리된 기관이라고 생각한다. 이런 '혼자인 뇌'라는 시각의 문제는 지난 몇십 년 동안 과학자들이 발견한 진실을 간과한다는 데 있다. 과학자들에 따르면, 뇌는 인간관계에 쓰이도록 만들어진 사회적 기관이다. 뇌는 사회적 환경에서 신호를 받아들이도록 만들어져 있고, 이 사회적 환경과 신호는 다시 한 인간의 내부에 영향을 끼친다.

다시 말해, 뇌와 뇌 사이에서 일어나는 일은 각 개인의 뇌에서 일어나는 일과 대단히 밀접한 관계가 있다. 모든 뇌는 다른 사람과의 상호작용에 따라 끊임없이 다시 만들어지므로 개인과 공동체는 본질적으로 연관되어 있다. 그뿐 아니라 연구에 따르면, 행복의 핵심 요소는 개개인의 사적인 관심사에 집중하는 것이 아니라 다른 사람의 이득을 위해 주의와 열정을 쏟는 데 있다고 한다.

'나'는 '우리'에 참여하고 소속함으로써 의미와 행복을 발견한다. 즉, 뇌는 사람들 사이의 통합에 적합하게 만들어졌다는 말이다. 뇌의 다양한 부위가 협력하도록 만들어져 있듯이, 각 사람의 뇌도 자신과 상호작용하는 사람들의 뇌와 관계맺도록 만들어져 있다.

사람들 간의 통합이란 서로의 차이를 존중하면서 사람들 사이의 연결을 형성하고 가꾸는 것을 말한다. 따라서 우리는 자녀가 좌뇌와 우뇌, 상위 뇌와 하위 뇌, 암묵 기억과 외현 기억 등을 통합하도록 돕고 그와 동시에 가족, 친구, 급우를 비롯하여 아이가 속한 공동체의 사람들과 연결되어 있음을 이해하도록 도울 필요가 있다. 관계 지향적인 뇌의 기본적인 사실들을 이해함으로써 아이들이 마인드사이트 능력을 계발하여 깊고 의미 있는 인간관계를 누리도록 도와줄 수 있다.

거울처럼 반사되는 공감의 근원

누군가 음료수를 마실 때 갈증을 느끼거나 남이 하품할 때 따라서 하품을 해본 적이 있는가? 아마 다들 한 번쯤 경험했음 직한 이런 반응들은 최근 뇌에 대해 밝혀진 사실 중 가장 흥미로운 발견인 '거울 뉴런'에 비추어 이해할 수 있다. 거울 뉴런이 발견된 배경은 다음과 같다.

1990년대 초반, 한 무리의 이탈리아 신경과학자들은 짧은꼬리원숭이의 뇌를 연구했다. 뉴런을 개별적으로 관찰하기 위해 원숭이 뇌에 전극을 심어놓았기 때문에 원숭이가 땅콩을 먹을 때 특정한 전극에 불이 들어왔다. 여기까지는 놀랄 일 없이 연구자들이 기대했던 결과였다.

그때 한 과학자의 간식이 인간 뇌에 대한 통찰의 흐름을 바꿔놓았다. 연구자 중 한 명이 원숭이가 지켜보는 가운데 땅콩을 하나 집어 먹은 것이다. 그러자 원숭이의 운동 뉴런이 발화했다. 원숭이가 실제로 땅콩을 먹었을 때와 똑같은 뉴런이 발화했던 것이다. 연구자들은 다른 사람의 행동을 보는 것만으로도 원숭이의 뇌가 영향을 받아 활성화되었다는 사실에 주목했다. 행동을 관찰했든, 행동을 직접 했든, 똑같은 뉴런들이 활성화되었다.

이러한 사실이 발견되기 무섭게 과학자들은 너도나도 '거울 뉴런'이 사람에게도 있는지 확인하려고 달려들었다. 거울 뉴런이 무엇인지, 어떻게 작용하는지 등 대답보다는 질문이 훨씬 많이 남아 있지만, 거울 뉴런 체계에 대해 점차 많은 사실을 알아가는 중이다. 공감의 근원일지도 모르는 거울 뉴런은, 사람의 뇌를 들여다보는 마인드사이트 기법에도 기여하는 부분이 있다.

핵심은 거울 뉴런이 의도가 있는 행위에만 반응한다는 점이다. 의도적인 행위란 감지 가능한 목적이 있다거나 예측 가능한 행위를 말한다. 예를 들어, 어떤 사람이 허공에 무작위로 손을 흔든다면 거울 뉴런은 반응하지 않을 것이다.

하지만 그 사람이 컵을 들어 음료수를 마시는 것처럼 경험으로 미루어 예측할 수 있는 행동을 한다면, 마시는 행동을 하기 전에 거울 뉴런이 의도를 알아차릴 것이다. 따라서 컵을 들고서 손을 올릴 때 우리는 음료수를 마시려 한다는 사실을 각 뉴런을 연결하는 시냅스synapses 수준에서 예측할 수 있다. 그뿐만 아니라 상위 뇌의 거울 뉴런은 음료수를 마실 준비를 할 것이다. 요컨대 우리는 어떤 행동을 보고, 그 행동의 목적을 이해하며, 우리 자신의 거울처럼 그 행동을 할 준비를 한다.

가장 단순한 수준에서 보면 다른 사람이 물을 마실 때 갈증을 느끼고 다른 사람이 하품을 할 때 따라 하는 이유가 바로 이 때문이다. 태어난 지 몇 시간밖에 안 된 갓난아기가 혀를 내미는 부모의 행동

| 거울뉴런의 분포 |

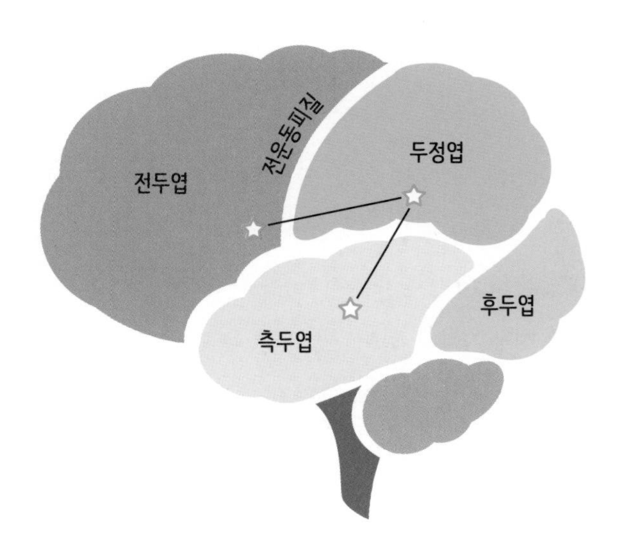

을 따라 할 수 있는 이유도 거울 뉴런 때문일 수 있다. 거울 뉴런은 동생들이 이따금 운동을 더 잘할 때가 있는 이유를 설명할 수 있을지도 모른다.

직접 경기를 하기 전에, 동생들의 거울 뉴런은 형이나 누나·오빠나 언니가 공을 치고 차고 던지는 모습을 수백 번 볼 때마다 발화했다. 가장 복잡한 수준에서 보자면 거울 뉴런은 문화의 본질을 이해하고 부모, 자식, 친구, 배우자끼리 공유하는 행동이 어떻게 우리를 하나로 묶어주는지 이해하는 열쇠가 된다.

한발 더 나아가보자. 우리는 주변 세상에서 보고, 듣고, 냄새 맡고, 만지고, 맛보는 것을 바탕으로 다른 사람이 하는 행동의 의도뿐만 아니라 그들의 감정 상태도 반영한다. 다시 말해, 거울 뉴런은 우리가 다른 사람의 행동을 따라 할 뿐 아니라 감정까지도 따라 하게 한다.

어떤 행동에 이어질 행동은 물론이고 그 행동 아래에 깔린 감정까지 느끼는 것이다. 우리는 이 독특한 신경세포를 '스펀지 뉴런'이라고도 부른다. 이 뉴런 덕분에 다른 사람의 행동, 의도, 감정까지 스펀지처럼 흡수할 수 있기 때문이다. 우리는 다른 사람을 그저 '반영'할 뿐만 아니라 그들의 내면 상태까지도 '흡수'한다.

친구들과 파티를 할 때 일어나는 일들을 관찰해보면 이를 알 수 있다. 깔깔거리는 사람들 무리에 다가갈 때는 농담을 듣기도 전에 미소를 짓거나 키득거리게 된다. 아니면 여러분이 불안하거나 스트레스를 받을 때 아이들도 그렇게 될 때가 많다는 것을 깨달은 적이 있는가?

과학자들은 이런 현상을 '감정의 전염'이라고 부른다. 즐거움과 장난스러운 마음에서 슬픔과 두려움에 이르기까지, 다른 사람의 마음 속 상태는 우리의 마음에 직접 영향을 끼친다. 우리는 다른 사람들을 내부 세계로 흡수한다.

왜 신경과학자들이 뇌를 특별한 기관이라고 하는지 이해할 수 있을 것이다. 뇌는 전적으로 마인드사이트를 위해 만들어졌다. 우리는 인간관계를 맺고, 다른 사람들이 어떤 사람인지 이해하고, 서로 영향을 끼치도록 생물학적으로 준비되어 있다. 앞서 꾸준히 설명했듯이 뇌는 경험에 따라 실제로 모양이 달라진다. 토론, 논쟁, 농담, 포옹 등 다른 사람과 함께하는 행동은 우리의 뇌와 상대편의 뇌를 말 그대로 바꿔놓는다.

인생에서 중요한 사람과 열띤 대화를 나누거나 함께 시간을 보낸 뒤에는 '달라진 뇌'를 갖게 된다는 말이다. '혼자인 뇌'로 살아가는 사람은 없으므로, 정신적 생활은 온전히 뉴런의 세계(내부)와 타인에게서 받는 신호(외부)의 결과물이다. 저마다 개인인 '나'로서 다른 사람들과 합류하여 '우리'의 일부가 되게끔 되어 있다.

관계의 질이 아이 뇌를 바꾼다

이 모든 내용이 아이들에게는 어떤 의미일까? 지금 아이들이 경험하는 인간관계는 앞으로 다른 사람과 관계 맺는 방식의 토대를 마련한다. 다시 말해, 아이들이 다른 사람들과 함께 '우리'에 합류하는 데 있어 마인드사이트를 얼마나 잘 이용하는가는 양육자와 애착 관계를 얼마나 잘 형성했느냐에 바탕을 둔다.

양육자에는 엄마, 아빠와 할머니, 할아버지를 비롯하여 친밀한 관계인 베이비시터, 선생님, 또래 친구들 등 아이들의 삶에 영향을 끼칠 수 있는 사람들이 속한다.

아이들은 자기에게 중요한 사람들과 시간을 보내면서 의사소통,

경청, 얼굴 표정의 해석, 비언어적 표현의 이해, 공유, 희생 같은 중요한 인간관계 기술을 익힌다. 또한 자기가 주변 세계에 어떻게 적응하는지, 인간관계가 어떻게 돌아가는지에 대한 모형을 계발하기도 한다.

인간관계 안에서 아이들은 다른 사람들이 자신의 욕구를 알고 거기에 반응하리라고 믿어도 될지, 나아가 위험을 무릅써도 될 만큼 자신이 다른 사람들과 연결되어 있고 보호받는다고 느끼는지 알게 된다. 요컨대 앞으로 인간관계를 맺으면서 외롭고 인정받지 못한다는 느낌을 받게 될지, 불안하고 혼란스러울지, 누군가 나를 공감하고 이해하며 안전하게 돌보아줄지 배운다는 말이다.

갓난아기를 생각해보자. 아기는 다른 사람들과 관계를 맺을 준비가 된 상태로 태어난다. 다른 사람들에게서 본 것들을 자신의 행동, 감정과 연결할 준비가 되어 있다. 다른 사람들이 그 아기의 욕구에 적절히 대응해주는 일이 드물다면 어떨까? 또는 아기가 원할 때 부모가 없거나 아기를 거부하는 일이 자주 벌어진다면 어떨까? 먼저 아이의 마음에 혼란과 좌절이 스며들 것이다.

양육자와 꾸준히 친밀한 관계를 맺으며 시간을 보내지 않으면 아기는 마인드사이트를 할 줄 모르고 다른 사람과 교제하는 일이 중요하다는 사실도 이해하지 못한 채 자랄 수 있다.

어린 시절에 우리는 내부의 괴로움을 달래기 위해 믿을 만한 타인과의 관계를 이용하는 법을 배운다. 이것이 안정 애착secure attachment

의 바탕이다. 하지만 누군가 돌보아주지 않으면 뇌는 그 상황에 적응하기 위해 최선을 다한다. 이때 아이들은 '혼자 힘으로' 살아가는 법을 배울 수 있다.

친밀함과 교감을 누리지 못하는 아이의 뇌에서는 상황에 적응하기 위해 인간관계와 관련 있는 정서적 회로를 완전히 닫아버리는 일이 일어날 수도 있다. 뇌는 상황을 인내하기 위해, 타인과 연결되고자 하는 마음속 충동을 닫아버린다. 하지만 부모가 한결같고 예측할 수 있는 방식으로 대응하고 애정을 보인다면, 아이는 마인드사이트 기술을 계발하는 한편 선천적으로 뇌에 갖추어져 있던 대로 인간관계를 예상하고 그에 맞게 행동해 나갈 것이다.

아이가 인간관계를 보는 방식에 따라 적응 전략이나 심성 모형을 형성할 때 영향을 주는 사람은 부모만이 아니다. 아이들이 다양한 양육자와의 관계에서 배우는 점을 생각해보면 알 수 있다. 여기서 양육자는 팀원을 위한 희생과 협력의 중요성을 강조하는 코치라든가, 인간관계의 핵심이 불만과 흠잡기라고 가르쳐주는 신경질적인 이모라든가, 모든 인간관계를 경쟁의 렌즈를 통해 바라보고 모든 사람을 경쟁자나 적수라고 생각하는 학교 친구라든가, 친절과 상호 존중을 강조하고 반 학생들과의 관계에서 자애로움의 모범을 보이는 선생님 등이 있을 수 있다.

모든 인간관계 경험은 '우리'라는 것이 어떤 느낌인지에 맞추어 아이의 뇌를 바꾸어놓는다. 무엇을 기대해야 할지 예측하기 위해 뇌가 반복된 경험과 연관성을 이용했음을 떠올려보자. 거리감 있고 비판적이며 경쟁적인 태도를 취하는 사람들과 차가운 인간관계는 아이가 인간관계에 대해 기대하는 바에 영향을 끼친다.

반면 아이가 따뜻한 교감을 통해 자기를 보호해주는 인간관계를 경험한다면 그것은 친구들을 비롯한 다양한 공동체의 구성원, 나중에는 배우자와 그 사이에서 낳은 자녀에 이르기까지 앞으로의 인간관계의 모형이 된다.

우리가 자녀에게 제공하는 인간관계의 유형이 후손에게 영향을 끼치리라고 말하는 것은 결코 과장이 아니다. 부모는 아이가 스스로 가치 있으며 정상적이라고 여기기 바라는 인간관계를 의도적으로 제공함으로써 세상의 앞날에 영향을 끼칠 수 있다.

우리로서
살아갈 수 있게 하기

아이들에게 좋은 인간관계의 모형을 형성해주는 데 더해, 아이들이 '우리'의 일부가 될 수 있도록 다른 사람과 함께 살아갈 준비를 해주어야 한다. 사실 뇌가 다른 사람들과 연결되어 살아가도록 만들어졌다 해도 인간관계의 기술을 타고난다는 뜻은 아니다.

우리가 태어날 때 근육이 있었다고 해서 모두 운동선수가 되지 않는 것과 마찬가지다. 따라서 구체적인 기술을 배우고 연습해야 한다. 아이들도 친구와 장난감을 나누어 쓸 준비가 된 상태로 자궁에서 튀어나오는 것은 아니다.

아이가 태어나자마자 대뜸 건네는 첫마디가 "엄마, 우리 서로 좋게 지내기 위해 내가 원하는 걸 희생할게"라고 말할 리도 없다. 이와 반대로, 이제 막 걸음마를 하는 아기들이 "내 거야", "나", 심지어 "싫어"라는 말을 가장 많이 한다는 사실은 '우리'가 된다는 것이 무엇인지 이해하지 못하는 상태임을 뚜렷하게 보여주는 것이다. 아이들은 나눔, 용서, 희생, 경청과 같은 마인드사이트 기술을 배워야 한다.

앞서 언급했던 론과 샌디의 아들, 상당히 이기적인 아이로 보이는 콜린은 대부분의 면에서 매우 정상적인 아이이다. 한 구성원으로서 가족 공동체에 참여하는 데 필요한 마인드사이트 기술에 능숙하지 못했을 뿐이다. 콜린의 부모가 기대했던 점은 콜린이 일곱 살이 되면 가족들과 융화하고 기꺼이 '우리'의 일부가 되려고 하리라는 것이다. 콜린은 꾸준히 인간관계에 관한 이해를 증진하고는 있지만 그 방면으로 계속 노력하고 연습할 필요가 있다.

이것은 수줍은 아이에게도 해당한다. 우리와 알고 지내는 리사는 네 살 난 아들이 친구 생일 파티에 갔을 때의 모습을 묘사했다. 아이들은 탐험가 도라Dora the Explorer(미국의 유명한 어린이용 텔레비전 애니메이션) 복장을 한 젊은 여자 주위에 바짝 몰려들었다. 리사의 아들 이안은 수줍음을 타지 않는 그 아이들과 멀찌감치 떨어져 있겠다고 고집을 부렸다.

이안은 음악 수업 유아반에서도 그랬다. 다른 아이들이 '거미가 줄을 타고 올라갑니다'라는 노래를 부르며 율동을 하는 동안 이안은 엄마 무릎에 앉아서 소심하게 아이들을 보는 것 말고는 아무것도 하지 않으려 했다.

리사와 남편은 이안에게 새로운 인간관계를 맺도록 용기를 북돋우는 것과 심하게 몰아붙이는 것 사이에서 현명하게 처신했다. 이들은 이안이 불안해하거나 두려워할 때마다 아이를 지지하고 안심시키면서, 다른 아이들과 친해지는 법을 파악하고 함께 어울릴 기회를 마련해주었다. 이렇게 함으로써 내향적인 아이가 자기에게 필요한 사회적 기술을 계발하는 데 도움을 주었다.

이안은 여전히 낯선 상황에 곧장 뛰어들지는 않지만 스스로를 편안하게 느끼고 가끔 외향적인 모습도 보여준다. 이야기할 때 상대의 눈을 바라보고, 수업 시간에 손을 들기도 하며, '나를 야구장으로 데려가주오Take Me Out to the Ball Game(미국 메이저리그에서 7회 말 시작 전에 관중들이 모두 자리에서 일어나 부르는 노래)'가 흘러나올 때 열정적으로 나서서 부르기도 한다.

성격을 탐구하는 연구자들에 따르면, 수줍음에는 유전적 요인이 크게 작용한다. 실제로 수줍음은 타고나는 핵심적 기질이다. 하지만 이안의 경우에서 보듯 수줍음의 정도가 상당히 변하지 않는다고는 할 수 없다. 사실 부모가 자녀의 수줍음에 대응하는 방법은 아이가 앞으로도 계속 수줍어할 것인가의 여부는 물론이고 스스로 성격적 측면을 다루는 데도 커다란 영향을 끼친다.

여기서 핵심은 부모의 역할이 선천적·유전적으로 형성된 기질에 영향을 줄 정도로 중요하다는 점이다. 아이에게 마인드사이트 기술

계발에 도움이 되는 기회를 제공하고 격려함으로써 그들이 다른 아이들과 어울리고 의미 있는 인간관계를 경험할 준비를 갖도록 도울 수 있다. 구체적인 방법은 조금 뒤에 이야기할 것이다. 먼저 아이들이 인간관계에서 수용적이 되도록 돕는다는 말이 무슨 뜻인지 알아보자.

마음의 문을 여는 대답 'YES'

자녀들이 건강한 개인으로서 인간관계에 참여하기를 바란다면 '닫히고', '반응적인' 상태가 아니라 '열리고', '수용적인' 상태를 만들어주어야 한다. 이게 무슨 뜻인지는 저자인 대니얼이 여러 가정에서 사용하는 훈련을 보면 알 수 있다. 대니얼은 상담 의뢰인에게 이제부터 어떤 단어들을 여러 번 말하겠으니 몸에 나타나는 느낌에 주목하라고 한다.

처음에는 단호하면서도 약간 쌀쌀맞게 '아니요'라고 2초 간격으로 일곱 번 반복해서 말한다. 잠깐 사이를 두었다가 이번에는 명확하고 다소 부드럽게 '네yes'라고 일곱 번 말한다. 나중에 의뢰인에게 단어를 듣고 어떤 느낌이 들었는지 묻자, 많은 수의 의뢰인이 '아니요'라는 말을 들을 때에는 뭔가 닫혀 있는 느낌이었고 마치 혼날 때처럼 가슴이 답답하고 화가 나려 했다고 답했다.

반면에 '네'라는 말을 들을 때는 고요하고 평온하며 가벼운 느낌이었다고 말했다. (지금 눈을 감고 직접 실험해보아도 좋다. 여러분 자신이나 친구가 '아니요' 또는 '네'라고 여러 번 말할 때 일어나는 몸의 반응에 주목하기 바란다.)

'아니요'와 '네'를 듣고 나서의 상반되는 두 반응은 반응성reactivity과 수용성receptivity에 대해 지금 이야기하려는 것이 무엇인지 잘 보여준다. 신경계가 반응적일 때 우리는 싸움fight-도주flight-정지freeze의 반응 상태에 있다. 그런 상태에서는 친절하고 열린 마음으로 다른 사람과 연결되기가 거의 불가능하다. 여러분은 위험하다고 느낄 때 편도체를 비롯한 하위 뇌가 생각하기도 전에 즉각적으로 반응한다는 사실을 기억할 것이다. 초점이 온통 자기방어에 있을 때는 어떤 행동을 하든지 반응적인 상태, 즉 '아니요'의 마음 상태에 있게 된다.

우리는 조심스러워지고, 다른 사람들과 연결되지 못하는 상태가 된다. 즉, 다른 사람의 말을 들어주거나 그들의 행동을 선의로 해석하거나 감정을 고려하는 태도를 보이지 못한다. 심지어 아무런 악의도 없는 중립적인 말이 시비를 거는 말로 탈바꿈하고 두려워하는 말로 왜곡되어 들리기도 한다. 이것은 반응적인 상태에 들어가 싸우고, 도망가고, 얼어붙어 꼼짝 못할 준비가 되었을 때 일어나는 일이다.

이와 반대로 수용적인 상태일 때는 반응적일 때와 다른 뇌 회로가 활성화된다. 대개의 사람들은 위의 훈련 과정 중 '네' 부분에서 긍정적인 경험을 한다. 얼굴 근육과 성대가 편안하게 풀리고 혈압과 심장박동이 정상치에 가까워지며, 다른 사람이 표현하고자 하는 의사를 열린 마음으로 받아들일 수 있는 상태가 된다. 요컨대 수용적인 상태가 된다는 뜻이다.

하위 뇌에서 반응성이 나타날 때는 속상함, 방어적인 기분, 닫힌 기분 등을 느끼는 반면, 수용적인 상태에서는 사회 관여 체계social engagement system가 작동하여 방어적일 때와 달리 상위 뇌의 회로가 활성화되고, 덕분에 다른 사람들과 연결되고 인정받는다는 느낌을 받을 수 있다.

아이들과 교류할 때 그들이 반응적인 상태인지 수용적인 상태인지 읽어내는 일은 크게 도움이 된다. 여기서 마인드사이트 기술이 필요하다. 아이들이 그때그때 어떤 정서적 상태에 있는지 그리고 우리가 어떤 상태인지 고려해야 한다. 네 살짜리 아이를 옆구리에 끼고 공원을 나서는 순간 아이가 "그네 더 탈래!"라고 고래고래 소리를 지른다면 격한 감정을 적절히 다스리는 법을 이야기해주기에 좋은 기회가 아니다. 이 반응적인 상태가 지나가기를 기다려야 한다. 아이가 수용적인 상태가 되면 여러분은 아이가 나중에 또 실망했을 때 어떻게 반응하면 좋을지 이야기해볼 수 있다.

마찬가지로 열한 살짜리 아이가 참가하기를 간절히 바라던 예술

프로그램에서 참가하지 못하게 되었음을 알게 되었다면, 다른 대안과 희망적인 이야기를 하지 않는 편이 나을 수도 있다. 반응성을 나타내는 하위 뇌는 상위 뇌가 말을 많이 해주어도 그것을 어떻게 처리해야 할지 모른다. 반응성이 강하게 나타날 때는 포옹이나 공감하는 표정 같은 비언어적인 수단이 훨씬 효과적일 때가 많다.

시간이 흐름에 따라 우리는 아이들이 인간관계를 맺을 때 수용적이 되도록 돕고, 다른 사람들과 어울릴 수 있게 해줄 마인드사이트 기술을 연마하도록 돕고 싶다. 이렇게 하면 수용성은 동조, 즉 마음속에서 우러나서 타인과 함께하는 상태로 이어질 수 있다. 이때 아이들은 의미 있는 인간관계에 수반되는 깊이와 친밀함을 누릴 수 있다. 그렇지 않으면 아이들은 타인과 함께하고자 하는 욕망과 능력에 따라 행동하기보다는 고독과 고립감에서 동기를 부여받는다.

수용성과 인간관계 기술을 장려하는 다음 단계로 넘어가기 전에 마지막으로 한 가지 주목할 만한 사항이 있다. 아이들이 기꺼이 다른 사람들과 어울리도록 도와줄 때, 개인의 정체성을 유지하는 것 또한 중요함을 염두에 두어야 한다. 학교에서 심술궂은 패거리와 어울리기 위해 수단과 방법을 가리지 않는 열 살짜리 여자아이의 경우, 문제는 '우리'에 가담할 만큼 수용적인가 하는 데 있지 않다.

이와 반대로, 문제는 여자아이가 '나'를 볼 수 없어서 못된 패거리가 시키는 대로 동조할지 모른다는 데 있다. 상대가 가족, 친구, 연인, 그 밖에 누구든 건강한 인간관계는 건강한 개인이 타인과 맺는 관계이다. 제대로 기능을 발휘하는 '우리'의 일부가 되려면 개인인 '나'로서 온전히 존재해야 한다.

우리는 아이들이 좌뇌나 우뇌만 쓰기를 바라지 않듯이, 개인주의에 치우치거나 관계 중심주의에 치우치기를 바라지도 않는다. 개인주의에 치우칠 경우 이기심과 고립감만 남고, 관계 중심주의에 치우칠 경우 궁핍하고 의존적인 상태가 되기 쉬우며 해로운 인간관계에 빠질 가능성도 높기 때문이다. 그보다 우리는 아이들이 전체 뇌를 사용해서 통합적인 인간관계를 누리기를 바란다.

습관
11

가족과 즐기는 시간을 충분히 마련하라

'무시하기' 기법 사용하기

아이 머리는 아빠가 감겨주면 좋겠어!

엄마 아빠는 지금 네 동생 재우고 계셔. 다음 목욕할 때 아빠한테 감겨 달라고 해.

아이 아빠가 해주면 좋겠다고!

엄마 소리 질러 봐야 소용없어. 그만두지 않으면
오늘 밤엔 책 안 읽어줄 테야.

NG!

놀이 같은 양육법 활용하기

아이 아빠가 머리를 감겨주면 좋겠다고!

엄마 사만다, 나를 찾았니? 내가 아빠란다.
아빠가 특별한 샴푸로 머리 감겨줄까?

OK!

아이를 훈육하거나 여러 가지 활동을 배우도록 데려다주는 데 시간을 쓰는 바람에 아이들과 함께 있는 것 자체로 즐거워할 시간이 없다고 느낀 적이 있는지 한번 생각해보자. 만약 그렇다면 당신은 혼자가 아니다. 대개의 부모들이 종종 그렇게 느끼기 때문이다. 우리는 때로 가족과 시간 보내기를 잊어버리기 쉽다.

인간은 다른 사람과 어울리기에 적합한 존재일 뿐만 아니라 놀고 탐구하기에도 적합한 조건을 갖추고 태어난다. 사실 놀이처럼 재미있는 양육은 아이들이 다른 사람과 관계를 맺고 교류하도록 격려하고 준비시키기에 가장 좋은 방법이다. 놀이 같은 양육을 통해 아이들이 평소 가장 오랜 시간을 함께 보내는 사람들, 즉 엄마, 아빠와 함께 있는 긍정적인 경험을 할 수 있기 때문이다.

물론 아이들 스스로 행동을 책임지게 할 만한 체계나 한계를 정하는 선도 필요하지만, 여러분은 권위를 유지하면서도 아이와 함께 즐거운 시간을 보내야 함을 잊어서는 안 된다. 놀이를 하고, 농담을 하고, 유치한 행동을 해보는 것이다. 아이들의 관심사에 흥미를 보이는 것도 좋다. 아이들은 가족들과 즐거운 시간을 많이 보낼수록 앞으로 인간관계를 소중히 여기며 건전하고 긍정적인 인간관계를 경험하고자 할 것이다.

이유는 간단하다. 아이가 가족과 함께 있을 때 재미있고 신나는 경험을 많이 하면 다른 사람들과의 친밀한 인간관계가 어떤 것인지에 대해 긍정적으로 느끼게 되기 때문이다. 그 이유 중 하나는 도파민dopamine이라고 부르는 뇌 속의 화학물질과 관계가 있다. 도파민은 신경전달물질의 하나인데, 신경전달물질은 뇌세포끼리 소통할 수 있게 해주는 물질이다. 즐거운 일이 생겼을 때 방출되는 도파민을 뇌세포가 받아들이면 다시 그 행동을 하고자 하는 동기를 느낀다.

중독을 연구하는 과학자들은 해롭다는 것을 알면서도 특정한 행동을 계속하거나 중독 상태를 유지하게 하는 요소로서 도파민을 꼽는다. 하지만 가족과의 관계를 즐기려는 긍정적이고 건전한 욕구를 강화하기 위해 도파민이 방출되도록 도울 수 있다. 도파민은 보상 체계에 작용하여 만족을 느끼게 해주는 화학물질이고, 놀이와 재미는 삶에 보상을 주는 요소이다.

아들이 휘두른 피터 팬 칼에 찔려 죽는 연기를 하고 그 아이가 기뻐서 꺅꺅 소리를 지를 때, 콘서트장이나 거실에서 딸과 춤을 출 때, 아이와 함께 정원을 돌보거나 만들기 숙제를 할 때, 이런 경험들은 서로 간의 유대를 강화하고 아이들에게 인간관계란 긍정적이고 보람있으며 성취감이 느껴지는 것임을 가르친다. 오늘 밤에라도 한번 해보기 바란다. 저녁을 먹고 나서 이렇게 외치는 것도 좋다.

"자, 다 먹었으면 접시를 모두 부엌에 가져다놓고, 담요 하나씩 들고 거실로 나를 만나러 와라. 오늘 밤엔 요새 안에서 아이스 바를 먹을 테다!"

가족끼리 할 수 있는 재미있는 활동 중에 수용적인 태도를 배울 만한 것이 있다. 함께 즉흥연기를 펼치는 것이다. 기본 개념은 코미디언들이 하는 애드리브와 비슷하다. 관객들이 제안을 하면 코미디언이 아무 의견이나 선택해서, 우습지만 말이 되는 이야기로 엮어내는 것이다. 이런 식의 즉흥연기를 해도 좋지만, 아이들을 참여시키고자 한다면 더 간단한 버전도 있다.

어느 한 사람이 이야기를 시작하면 그다음 사람이 문장을 만들어 붙이고 또 다음 사람이 문장을 만들어 덧붙이면서 계속 이어나가는 것이다. 이런 놀이와 활동은 가족들끼리 즐겁게 지내도록 해줄뿐더러 아이들이 살아가면서 생각지 못한 일을 만났을 때 수용적인 태도를 취하도록 자연스레 연습을 시켜주기도 한다.

부모들은 놀이가 진지한 수업으로 바뀌지 않기를 바라겠지만 놀이와 활동을 수용성의 개념과 분명하게 연관 지을 수 있는 방법을 찾아보는 것도 좋다. 자발성과 창의성은 중요한 능력이고, 참신함 또한 도파민의 방출을 돕는다.

재미 요소에서 배울 것이 많다는 점은 아이들이 누군가의 형제자매로서 겪는 경험에도 적용된다. 최근의 연구에서 밝혀진 바에 따르면, 형제자매가 나중에 사이좋은 관계를 유지할지 예측하는 가장 좋은 지표는 어린 시절 함께 재미있게 보낸 시간이 얼마나 많았는가라고 한다. 즐겁게 지낸 시간이 많다면 균형상 갈등이 잦아도 괜찮다. 진짜 위험한 것은 형제자매가 서로 무시하는 경우이다. 이 경우 해결해야 할 갈등은 적지만 서로 무시하는 상황에서는 어른이 되어서도 차갑고 거리감 느껴지는 인간관계를 형성하기 쉽다.

따라서 자녀들이 오랫동안 친밀한 관계를 유지하기 바란다면 이 관계를 수학 등식으로 생각해볼 수 있다. 이 식에서는 아이들이 공유하는 즐거움이 갈등보다 커야 한다. 갈등 쪽에 0이 오는 경우는 결코 없을 것이다. 형제자매는 원래 싸운다. 하지만 아이들에게 긍정적인 감정과 기억을 느낄 만한 활동을 제공함으로써 이 등식에서 갈등 반대편의 수치를 올릴 수 있다면 아이들 간에 강한 유대감을 형성해주고 일생 동안 지속될 가능성이 큰 인간관계를 맺게끔 해줄 수 있다.

형제자매끼리는 함께 즐거움을 느끼는 것이 자연스러운 과정일 때가 많지만 이럴 때도 여러분이 도움을 줄 수 있다. 새 분필 상자를 뜯어서 함께 괴상하고 커다란 괴물을 그려보라고 할 수도 있고, 비디오카메라를 사용해서 함께 영화를 만들어보라고 할 수도 있고, 함께 팀을 짜서 할아버지를 놀라게 해 드릴 깜짝 프로젝트를 계획하게 해도 좋다.

가족끼리 자전거 타기, 보드게임하기, 쿠키 만들기, 아이들과 엄마의 물총 싸움하기 등 어떤 활동을 하든 여러분이 할 일은 형제자매가 함께 즐거운 시간을 보내고 아이들끼리의 유대를 강화하는 데 도움이 될 방법을 찾아보는 것이다.

아이가 고집스럽게 화를 내거나 반항하는 상태일 때도 유치한 행동이나 재미있는 상황을 통해서 아이의 마음 상태를 돌릴 수 있다. 가끔은 아이들이 엄마, 아빠의 재미있고 유치한 행동을 볼 기분이 아닐 수 있으므로 아이들에게서 예민하게 단서를 살펴야 한다.

특히 나이를 좀 더 먹은 아이일수록 그래야 한다. 하지만 아이가 재미있는 상황을 어떻게 받아들일지 여러분이 민감하게 알아차린다면 이 습관은 실행하기 쉬우면서도 아이의 기분을 전환하는 데 강력한 효과를 발휘할 수 있다.

여러분의 마음 상태는 자녀의 마음 상태에 영향을 끼칠 수 있다. 여러분을 통해서 신경질과 짜증을 재미와 웃음, 교감으로 바꿀 수 있다는 뜻이다.

단계별 코칭 11

가족과 친밀한 경험을 쌓는 두뇌 습관

가족들과 즐거운 시간을 보냄으로써 아이들이 가장 오래, 자주 함께 있어야 하는 사람들과 긍정적이고 만족스러운 경험을 쌓아간다.

❶ 영유아(0~3세)

- 아이가 하는 대로 따라서 놀아주면 된다. 아이를 간질이고, 웃겨주고, 사랑해줘라.
- 물건을 쌓았다가 무너뜨리기도 하고, 냄비를 두드리기도 하고, 공원에 가기도 하고, 공을 굴려보기도 하라.
- 아이에게 집중하고 맞추어주는 모든 활동을 통해 아이가 인간관계와 사랑이 무엇인지에 대해 긍정적인 기대를 품게 할 수 있다.

❷ 미취학 아동(3~6세)

- 유치원생인 아이와 즐겁게 놀아주려고 힘들게 애쓰지 않아도 된다. 그저 여러분이 함께 있어주는 것만으로도 아이는 천국에 있는 것이나 다름없다. 아이와 함께 시간을 보내고, 놀이를 하고, 함께 웃으면 된다.
- 아이가 형제자매와 할머니, 할아버지와도 즐겁게 지내도록 해줘라.
- 아이와 힘겨루기할 에너지를 즐겁고 기쁜 순간에 쏟아부어보자. 일부러 즐거운 시간을 보내려고 하고 재미있는 가족 습관을 만들어낸

다면 인간관계에 앞으로 몇 년간 결실을 얻을 수 있는 투자를 한 셈이다.

❸ 초등학교 저학년(6~9세)

- 아이와 함께 하고 싶은 것을 하면 된다. 팝콘을 먹으면서 가족끼리 영화 보는 날을 정해도 좋다. 보드게임을 하거나 자전거를 타거나 다 같이 하나의 이야기를 만들어내거나 춤추고 노래하며 아이와 함께 장난스럽고 행복한 시간을 보낼 수 있다. 이런 시간은 앞으로도 가족 관계를 단단히 지탱할 토대를 마련해준다.
- 의식적으로 즐거운 시간을 보내려고 하고 재미있는 관습을 만들어 보라.

❹ 초등학교 고학년(9~12세)

- 10대에 가까워지면서 부모와 함께 있는 것을 점점 즐거워하지 않는 다고들 한다. 이 말도 어느 정도 일리가 있다. 하지만 부모들이 자녀에게 의미 있고 즐거운 경험을 제공해줄수록 아이들은 앞으로도 부모들과 함께 있고 싶어 할 것이다. 이 나이의 아이들은 아직 장난과 노는 것을 좋아하므로 가족들 간의 돈독한 관계에 위해 보드게임의 힘을 과소평가하지 말자.
- 함께 캠핑도 가고, 요리도 하고, 테마파크에도 갈 수 있다. 함께 있음을 감사할 방법을 찾고 앞으로 몇 년간 즐길 수 있는 재미있는 관습을 만드는 것도 좋다.

습관
12

갈등을 기회로 삼아라

갈등 상황 회피하기

아이 엄마, 마크가 저한테 멍청이라고 했어요.
엄마 너, 걔한테 무슨 짓을 했어?
아이 아무 짓도 안 했어요. 그냥 얘기하고 있는데 그랬어요.
엄마 잘 모르겠네. 잠깐 마크하고 떨어져 있어.

NG!

갈등을 통해 타인과 교감하기

아이 엄마, 마크가 저한테 멍청이라고 했어요.
엄마 마크가 왜 그랬다고 생각하니?
아이 걔 그림을 놀려서 그랬는지도 몰라요. 하지만 장난이었어요.
엄마 마크가 열심히 그렸던 그 그림?
아이 네.
엄마 그것 때문에 마크가 화난 건 아닐까?

OK!

어떻게든 아이들이 모든 갈등을 피하도록 돕고 싶지만 현실적으로 그럴 수 없다. 인간관계를 맺다 보면 말다툼과 의견 충돌도 맞닥뜨리게 된다. 하지만 몇 가지 기본적인 마인드사이트 기법을 가르쳐주면 아이들은 건강하고 생산적인 방식으로 갈등을 다루는 법을 알게 되고, 사람들과 교류하면서 상황이 마음처럼 돌아가지 않을 때 어떻게 반응해야 하는지도 배울 것이다.

다시 말하지만 의견 충돌은 인내하기 어려운 난관만을 의미하는 것은 아니다. 의견 충돌과 다툼은 아이에게 성공에 대한 중요한 교훈을 가르쳐줄 수 있는 또 다른 기회이다. 마인드사이트를 통해 갈등 다루는 법을 가르치려는 지금 이 경우는 특히 인간관계에서 중요한 점을 알려줄 기회이다.

갈등 다루기란 어른들로서도 만만한 것이 아니므로 아이들에게 많은 것을 기대해서는 안 된다. 간단한 기술이 몇 가지 있는데, 이렇게 갈등을 다루는 기술은 아이들이 지금뿐 아니라 성인이 되어서도 성공적인 삶을 영위하는 데 도움이 될 것이다. 아이들에게 이 기술을 가르쳐주기 위해, 갈등을 다루는 세 가지 마인드사이트 기술을 살펴보자.

타인의 관점에서 인식하도록 도와주기

다음 이야기는 어디서 많이 들어본 듯싶을 것이다. 당신이 책상 앞에 앉아 일하고 있는데 일곱 살짜리 딸이 다가온다. 아이는 화가 머리끝까지 난 상태이다. 방금 자기를 멍청이라고 부른 남동생 마크에게 자기가 화났다는 사실을 선언한다. 당신은 마크에게 왜 그랬냐고 묻고, 딸아이는 그럴 만한 아무 이유가 없었다고 단호하게 말한다.

"재는 괜히 그런다고요!"

누구든 다른 사람의 시각으로 사물을 보기란 어려운 일이다. 우리는 보이는 것을 보지만 '보고 싶은 것'만 볼 때도 자주 있다. 하지만 마인드사이트를 사용해서 다른 사람의 눈으로 사건을 바라볼수록 건강하게 갈등을 해결할 수 있는 좋은 기회가 생긴다.

이 기술은 아이들에게, 특히 한창 열이 올라 말다툼을 벌이고 있는 아이들에게는 가르쳐주기 힘들다. 하지만 아이들에게 무슨 말을 하고 있는지 스스로 의식할 수 있다면 이 기술을 가르쳐주기에 좋은 기회일 수 있다.

당신은 이렇게 말하려고 할지도 모른다.

"너, 마크에게 무슨 짓을 했어? 걔가 괜히 너한테 멍청이라고 하지는 않았을 것 아냐!"

하지만 당신이 가르치고자 하는 점을 의식한 상태로 좀 더 평온할 수 있다면 조금은 다르게 말할 것이다. 먼저 딸아이의 감정을 알고 있다는 사실을 보여주고자 했을 것이다. (먼저 교감하고 그다음에 방향을 재설정한다는 점을 떠올려보자.) 딸의 방어적인 태도를 누그러뜨린 다음에는 남동생이 어떤 기분일지 알아볼 준비가 되도록 한다. 그런 뒤에야 딸에게서 공감을 이끌어내려는 목표를 향해 나아갈 수 있다.

물론 항상 아이들을 납득시킬 필요는 없다. 하지만 다른 사람이 어떻게 느낄지, 왜 그 사람이 그렇게 반응했을지 등의 질문을 함으로써 아이에게서 공감을 이끌어낼 수 있다. 다른 사람의 마음을 고려하는 행위를 하려면 우뇌와 상위 뇌를 사용해야 한다. 우뇌와 상위 뇌 모두 성숙하고 만족스러운 인간관계를 누리게 하는 사회적 회로의 일부이기 때문이다.

비언어적 단서 읽어주기

다른 사람의 말에 주의를 기울이라고 가르치는 것은 훌륭한 일이다.

"오빠 말 좀 들어. 신발에 호스로 물 뿌리는 것 싫다고 누누이 말했잖아."

하지만 인간관계에서 중요한 부분은 하지 않은 말을 듣는 것이다. 대개 아이들은 이런 일에 능숙하지 못하다. 그렇기 때문에 여동생 요구르트에 프레첼을 담가서 동생을 울린 아이를 혼내면 이런 반응이 나온다.

"하지만 걔도 좋아했단 말이에요! 그건 게임이었다고요."

비언어적 단서는 가끔 말보다 더 많은 것을 전달하기도 한다. 아이들이 우뇌를 이용해서 다른 사람들이 입은 열지 않지만 무슨 말을 하고 있는지 이해하는 데 능숙해지도록 도와줄 필요가 있다. 이미 거울 뉴런 체계가 작동하고 있으니 그 거울 뉴런이 무엇을 주고받는지 명확히 밝히는 데 약간의 도움을 주기만 하면 된다.

예를 들어, 중요한 축구 경기가 끝난 뒤 다른 팀 친구가 말은 괜찮다고 해도 위로가 필요하다는 점을 아이가 눈치채도록 하는 데 도움을 주어야 하는 것이다. 그 친구의 축 처진 어깨, 푹 숙인 고개, 풀죽은 표정 등 몸짓과 표정이 낙심했다는 증거임을 아이에게 알려줄 수 있다. 간단한 관찰을 도와줌으로써 아이의 마인드사이트 기술이 향상되도록 도와준 셈이다. 또한 살아가면서 다른 사람들의 마음을 더 잘 읽고 그들의 감정을 알게끔 해준 것이다.

갈등 후 상황을 바로잡도록 가르치기

우리는 사과의 중요성을 알기 때문에 아이들에게 미안하다고 말하기를 가르친다. 하지만 아이들은 그 사과가 출발점에 불과하다는 사실을 알아야 할 때도 있고, 때로는 자기의 잘못을 바로잡기 위해서 출발점에서 몇 걸음 나아가야 할 때도 있다.

어떤 상황에서는 망가진 장난감을 고쳐주거나, 아예 새로 사주거나, 어떤 프로젝트를 다시 하도록 도와주거나 하는 것처럼 구체적이고 직접적인 반응이 필요할 수도 있다. 아니면 인간관계를 고려한 반응이 적당할 때도 있다. 이럴 때 그림을 그려준다든지, 친절한 행동을 보인다든지, 사과의 편지를 쓸 수 있다.

핵심은 아이가 상대의 기분에 대해 생각해보았다는 점과 함께 금이 간 관계를 회복할 방법을 찾고 싶어 한다는 의사를 나타내는 애정과 뉘우침의 행동을 보여주어야 한다는 점이다. 부모의 역할은 아이들이 이러한 애정과 뉘우침의 행동을 하도록 도와주는 것이다.

공감하고 다른 사람의 감정에 자신을 맞춘다는, 위에 언급한 두 가지 전뇌 습관과 감정의 회복은 직접 연결된다. 상황을 바로잡고자 한다면 그 아이는 상대의 기분이 어떤지, 상대가 왜 화가 났는지 반드시 이해해야 한다. 그런 다음 부모들은 더욱 도움이 되는 질문을 던질 수 있다.

"만약 네가 가장 좋아하는 물건이 망가졌다면 기분이 나아지는 데 도움이 되는 게 뭘까?"

다른 사람의 감정을 생각하는 일에 한 걸음씩 다가갈 때마다 인간관계와 관련된 뇌의 회로는 한층 강한 연결을 만들어낸다. 아이의 방어적인 태도와 책임을 수용하지 않고 망설이는 태도를 깨뜨려준다면, 아이는 자기가 상처를 준 상대에 대해 생각하고 관계를 회복하기 위해 노력할 수 있다. 우리의 역할은 아이가 마인드사이트 기술을 계발하도록 도와주는 것이다. 진심이 담긴 사과 한마디로 충분할 때도 있다. 특히 진정성을 담아 솔직하게 대한다면 더욱 그렇다.

"샘이 나서 그랬어. 미안해."

그러고 나서도 아이는 노력하는 것이 무엇인지 배우고 화해를 위해 구체적인 단계를 밟아나가야 한다.

이제 엄마·아빠마저 너무 이기적인 아이라고 생각했던 일곱 살 콜린에게 돌아가보자. 책을 쓰고 있는 우리는 론과 샌디에게 우리가 준 것이 일종의 마법 탄환이길 바랐다. 자기중심적 사고를 비롯하여 그들이 콜린을 키우면서 마주칠 발달상의 실패를 모두 바로잡아줄 특효약 말이다. 하지만 그런 건 있을 수 없다.

좋은 소식은 론과 샌디가 이미 콜린을 돕고 있었다는 것이다. 론과 샌디는 콜린이 (남동생과 부모님과의 상호작용에서 출발하는) 인간관계에서 얻을 수 있는 이득을 깨닫도록 도와주고 애정을 쏟아주었다. 그렇게 함으로써 콜린에게 다른 사람과의 연결과 배려가 얼마나 중요한지 이해하는 발판을 마련해준 것이다.

이 밖에 론과 샌디는 지금 이야기하고 있는 '갈등을 통해 교감하기'를 강조하여 콜린이 다른 사람의 감정을 생각해보는 쪽으로 나아가도록 도와줄 수 있다. 이를테면 콜린이 남동생의 물건을 치우고 방을 다시 꾸몄을 때, 그 상황은 교훈을 줄 수 있는 좋은 기회였다. 론과 샌디는 이 기회를 이용해서 인간관계를 맺고 있다는 것이 어떤 경험인지에 대해 콜린이 배우도록 했다.

우리는 '훈육'이 '벌주기'가 아니라 '가르치기'라는 사실을 자주 잊어버린다. 제자란 행동의 결과를 받아들이는 사람이 아니라 배우는 학생이다. 아이에게 마인드사이트를 가르칠 때, 갈등의 순간을 맞이하고 그것을 학습과 기술 형성, 뇌 발달을 위한 기회로 삼아야 한다.

그때 론은 콜린에게 동생의 모습을 보라고 할 수 있었다. 울면서 그림을 주워 모아 펴고 있는 동생 로건의 모습을 보면서 로건이 얼마나 상처를 받았는지에 대한 비언어적 증거를 알아채도록 말이다. 이어서 다 구겨진 그림들과 던져진 트로피들이 로건에게는 어떻게 보였을지 사려 깊게 이야기해볼 수도 있었다.

콜린에게 로건의 관점에서 세상을 보도록 하는 일은 장기적으로 이득을 얻을 수 있는 중요한 돌파구가 되었을 것이다. 잠깐 반성 의자에 혼자 앉혀두었다면 콜린에게 동생의 물건을 허락 없이 없애는 건 잘못된 행동이라는 점을 가르칠 수도, 그렇지 못했을 수도 있었겠지만, 마인드사이트 기술을 익혔다고 할 수는 없을 것이다.

마지막으로 론과 샌디는 상황을 바로잡기 위해 어떻게 해야 할지 콜린과 이야기해볼 수 있다. 예를 들어 콜린이 로건에게 사과하고 둘이 함께 그림을 몇 장 그려서 같이 쓰는 벽에 걸어놓는다든지 말이다. 이 상황을 불쾌한 장애물로 여기고 피하기보다 성숙과 가르침의 기회로 이용하자고 결정함으로써 콜린의 엄마, 아빠는 상당히 심각한 갈등 상황을 성공의 기회로 바꿀 수 있다.

또한 두 아들이 인간관계란 어떤 것인지에 대해 중요한 교훈을 얻도록 한다. 핵심은 마인드사이트의 렌즈를 통해 두 아이의 내면세계에 대한 각각의 인식을 검토 가능한 대상으로 만드는 일이다.

마인드사이트는 아이들에게 생각과 감정이 있는 내면의 삶이 중요하다는 사실을 느끼게 해준다. 이러한 발전이 없으면 행동은 표면에서 주고받는 상호작용에 불과할 것이며, 생각 없이 튀어나오는 자동적인 반응으로서 '다루어야 할' 대상이 된다. 부모들은 아이에게 마인드사이트를 가르치는 첫 번째 선생님으로서 힘든 상황을 이용하여 아이가 다른 사람들과 자신의 내면세계를 들여다볼 수 있는 생각의 회로를 계발하도록 해야 한다.

마인드사이트 기술을 계발하면서 아이들은 자신의 내면생활이 중요한 만큼 다른 사람의 그것도 중요하다는 사실을 깨닫고 두 세계를 균형 잡는 법을 배울 수 있다. 이러한 기술은 아이들이 자기 주변 사람들의 정서적 삶을 이해하면서 자기의 감정을 균형 있게 다루는 법을 배우는 기초가 된다.

마인드사이트는 사회적 지능과 정서적 지능의 토대이다. 마인드사이트를 통해 아이들은 자신이 인간관계라는 넓은 세상의 일부임을 깨닫고, 그 세상에서는 감정이 중요하며 보상과 의미, 재미가 사람과 사람 사이의 관계에서 나온다는 사실을 이해하게 된다.

단계별 코칭 12

좋은 인간관계를 위한 두뇌 습관

타인과의 갈등을 피해야 할 장애물이라기보다는 아이에게 필수인 인간관계 기술을 가르쳐줄 기회로 여겨라.

❶ 영유아(0~3세)

- 물건을 같이 사용하거나 차례로 사용하는 것에 대해 아이와 대화를 나누어보되, 지나친 기대를 하지는 말자. 사회적 기술을 가르치고 훈육할 기회는 앞으로 수없이 많이 생길 것이다.
- 지금 우리 아이와 다른 아이 사이에 갈등이 있다면 우리 아이의 감정이 어떤지 표현하도록 도와주고, 다른 아이가 어떻게 느낄지도 표현하도록 이끌어줘야 한다. 가능하다면 문제를 해결하는 것을 도와라. 그런 다음 두 아이 모두 다른 활동을 하면서 즐거워할 수 있도록 방향을 다시 설정한다.

❷ 미취학 아동(3~6세)

- 유치원생인 아이가 학교 친구들, 형제자매, 부모와도 갈등을 빚는다면, 그 아이가 마주치는 갈등을 다른 사람들과 어떻게 지내야 하는지 가르쳐주는 교훈의 장으로 여겨라. 나누기, 차례 지키기, 부탁하기, 용서를 받아들이기 등은 중요한 개념으로서 아이도 이것을 배울 준비가 되어 있다.

- 아이에게 모범을 보이고, 인간관계를 맺고 있는 기분이 어떤 것인지, 심지어 갈등을 빚는 상황에서도 다른 사람들을 배려하고 존중한다는 것이 어떤 것인지 이해할 수 있게끔 도와주자.

❸ 초등학교 저학년(6~9세)

- 다른 사람들의 관점에서 보는 것에 대해 설명하고, 상점이나 식당에서 무작위로 사람을 골라서 그 사람에게 중요한 것이 무엇인지, 그 사람이 어디서 왔는지를 알아맞혀보게 하자.
- 비언어적 단서를 읽는 법을 아이에게 가르쳐주고 비언어적 단서의 예가 얼마나 많은지 알아보는 놀이도 할 수 있다.

  예시 얼굴 찌푸리기, 어깨 으쓱하기, 눈썹 올리기 등
- 다른 사람에게 잘못했을 때 사과 이상의 대응이 있을 수 있음을 가르쳐주자. 편지를 쓰거나 중요한 물건으로 보상하는 등 실행에 옮길 만한 적절한 사례들을 생각해낼 수 있다.

❹ 초등학교 고학년(9~12세)

- 인간관계 기술과 갈등 해결 기술, 즉 다른 사람의 관점에서 보기, 비언어적 단서 읽기, 공유, 사과 등은 아이가 청소년기로 접어드는 이 때도 똑같이 가르쳐야 하는 항목들이다. 이런 기술들을 계속 얘기하고 연습시켜라.
- 아이에게 갈등이란 회피의 대상이 아니라 해결의 대상이고 그런 일이 자주 일어남으로써 관계가 개선된다는 점을 아이에게 가르쳐주어라.

실 천 하 기

아이는 부모의 경험과 함께 산다

부모로서 여러분의 삶에서 가장 중요한 '우리'는 자녀와의 관계이다. 이 관계는 자녀의 미래에 지대한 영향을 끼친다. 이 분야에 대한 조사 연구들은 꾸준히 다음과 같은 결과를 밝혀 왔다. 부모들이 아이의 감정과 욕구를 파악하고 민감하게 반응함으로써 반복적이고 예상 가능한 경험을 제공할 때 자녀는 사회적·정서적·신체적으로 뛰어날 뿐만 아니라 학업에서마저 성공적인 양상을 보인다.

부모와 끈끈한 관계를 경험하는 아이들이 우수하다는 점은 그리 새삼스러운 발견이 아니지만 이런 유형의 부모-자식 관계를 만드는 요인이 무엇인지를 알면 여러분은 놀랄지 모른다. 중요한 점은 부모가 우리를 길렀던 방식도 아니고, 자녀 양육서를 몇 권이나 읽었는지도 아니다. 우리와 자녀의 관계에 가장 강력한 영향을 끼치고 자녀의 성공까지도 좌우하는 요인은 우리 자신이 자라면서 부모와 겪었던 경험을 얼마나 잘 이해했는지, 우리가 아이들에게 얼마나 민감하게 반응하는지에 달려 있다.

관건은 우리가 인생 이야기라고 부르는 것인데, 내가 누구인지, 어떻게 지금의 내가 되었는지에 대한 이야기다. 인생 이야기는 과거사에 대한 감정을 결정하고, 왜 사람들이 그런 식으로 행동했는지 이해하는 방식도 결정하며, 어른으로 성숙하는 과정에 그런 사건들이 어떤 영향을 끼쳤는지에 대해 어떻게 인식할지도 결정한다. 우리에게 일관성 있는 인생 이야기가 있다면 과거가 지금 나의 모습과 나의 행동을 어떻게 형성했는지 이해했다는 말이다.

이해되지 못한 인생 이야기는 현재의 우리 존재를 제한할 수 있고, 수동적인 반응 중심으로 자녀를 양육하게 할 수 있으며, 어린 시절에 부정적으로 영향을 끼쳤던 고통스러운 유산을 아이들에게 똑같이 물려주게 할 수도 있다. 예를 들어, 우리 아버지가 힘든 어린 시절을 보냈다고 상상해보자. 감정의 사막 같은 곳에서 자랐고, 두려워하거나 슬퍼해도 부모가 위로해주기는커녕 차갑고 거리감 있게 대했으며, 인생의 역경을 혼자서 헤쳐 나가도록 내버려두었다고 해보자.

아버지의 부모가 어린 시절의 아버지와 그의 감정에 주의를 기울이지 못했다면 아버지는 상당히 상처를 받았을 것이다. 그 결과 자식인 우리에게 필요한 것을 주는 능력을 기르지 못한 채 어른이 되었을 것이다. 아버지는 친밀함과 인간관계를 누릴 수가 없었다. 감정과 욕구에 반응하기도 어려워했고 슬프거나 외롭거나 겁을 먹었을 때 "강해져라"라고 말하는 식으로 우리를 길렀다.

모든 일은 아버지가 의식하지도 못한 암묵 기억에서 야기되었다. 우리가 자라서 어른이 되고 부모가 되었을 때 똑같이 해로운 유형을 우리 아이들에게 물려줄 위험이 컸을 것이다. 참 슬픈 이야기다. 대단히 좋은 소식은 우리가 자신의 경험을 이해하고 아버지의 상처와 인간관계에서 받은 제약을 이해한다면 고통을 물려주는 악순환의 고리를 끊을 수 있다는 점이다. 우리는 경험과 더불어 그것이 우리에게 영향을 끼쳤던 방식을 깊이 생각해볼 수 있다.

우리는 단순하게 부모의 양육 방식과 정반대로 아이를 기르려는 유혹에 빠질 수도 있다. 하지만 그 생각은 과거 부모와의 경험이 우리에게 영향을 끼쳤던 방식처럼 그대로 반영된다. 우리가 알지 못하는 사이 영향을 끼치고 있는 암묵 기억을 처리해야 할지도 모른다. 이 과정을 치료사와 함께 수행하거나 친구에게 경험을 털어놓는 것으로도 도움이 된다. 어떤 식으로 하든 자신의 이야기를 명확히 한다

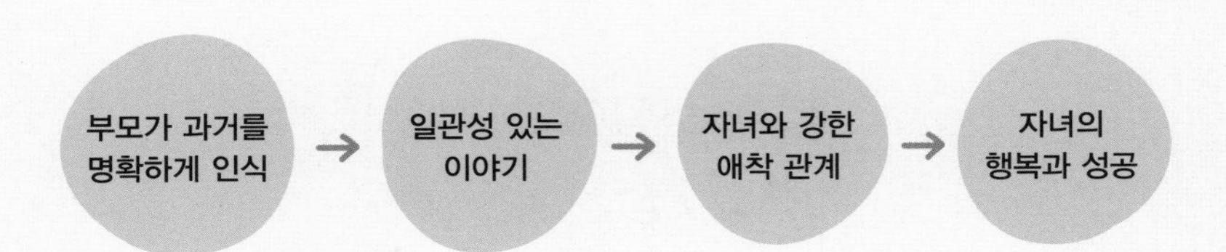

는 점이 중요하다. 거울 뉴런과 암묵 기억을 통해 좋든 나쁘든 우리 자신의 정서적 삶을 직접적으로 자녀에게 물려주기 때문이다.

아이들이 부모의 경험과 함께 살아간다는 사실을 아는 것 또한 강력한 통찰이자 힘이다. 이를 통해 아이가 기쁨과 슬픔이 동반하는 인생의 의미에 대해 이해하기 시작하고 삶의 동기를 부여하기 때문이다. 그럴 때 우리는 자녀의 욕구와 신호에 맞추어 행동할 수 있으며 안정적인 애착 관계와 건강하고 끈끈한 연결을 형성할 수 있다.

연구에 따르면, 이상적이지 못한 어린 시절을 경험한 어른들도 일관성 있고 따뜻한 가정에서 자란 어른들만큼 효과적으로 자녀를 양육할 수 있다. 어린 시절의 경험은 운명이 아니라는 점을 명확히 말해두고 싶다. 부모가 과거를 제대로 이해하지 못했기 때문에 상처를 대물림하고 자녀와 불안정한 애착이 형성된 것인지도 모른다. 과거를 이해함으로써 그런 위험 요소에서 자신을 자유롭게 할 수 있고, 애정 어린 양육과 자녀를 향한 사랑이라는 유산을 창조할 수 있다.

말 해 주 기

다른 사람의 기분이 어떨지 생각해볼래?

이제 여러분은 마인드사이트에 대해서 상당히 많은 것을 배웠다. 다음은 아이들에게 자신의 마음과 다른 사람의 마음을 들여다본다는 개념을 알려주기 위해 아이에게 말해주면 좋은 내용이다.

눈으로 사물을 보는 것처럼 마인드사이트는 마음으로 보는 거야. 마인드사이트에는 두 가지 뜻이 있어.

첫 번째는 스스로 자기 마음속에서 무슨 일이 일어나는지 들여다본다는 뜻이야. 마인드사이트를 통해 머릿속에 떠오르는 그림이나 마음속 생각, 우리가 경험하는 감정, 그리고 몸에서 느끼는 감각에도 주의를 기울일 수 있어. 마인드사이트는 네가 스스로에 대해서 더 잘 알도록 도와줘. 두 번째 뜻은 다른 사람의 마음을 들여다보고 그 사람이 보는 것처럼 세상을 보려고 노력하는 거야.

예를 들어볼까?

친구랑 놀다 들어온 드루는 아빠에게 팀이라는 친구의 새 물총을 누가 가지고 노는 게 옳은지를 두고 팀과 싸운 이야기를 했어. 결국 돌아가면서 쓰기로 했지만 드루는 집에 와서도 계속 화가 나 있었어.

드루는 자기가 손님이니까 당연히 새 물총을 가지고 놀게 해줬어야 한다고 생각했어. 드루의 아빠는 그 말을 듣고 드루의 말을 이해한다고 말한 다음 "팀이 왜 그렇게 그 물총을 가지고 놀려고 했다고 생각하니?"라고 물으셨어.

드루는 잠시 생각에 빠졌지.

"그 물총이 새것이니까 아직 한 번도 가지고 놀아본 적이 없어서가 아닐까요?"

이 순간에 드루는 마인드사이트를 이용해서 팀의 감정을 이해했어. 더 이상 그전처럼 화가 나지도 않았지. 다음번에 누군가에게 화가 나려 한다면 마인드사이트를 이용해서 그 사람이 어떤 기분일지 들여다보렴. 그렇게 하면 두 사람 다 훨씬 행복해질 수 있거든.

모든 것을 변화시키는 전뇌 접근법

부모는 자녀들을 보며 꿈과 희망에 부푼다. 그 꿈과 희망에는 아이들이 행복하고 건강하며 온전히 자기답게 살아가기 바라는 마음이 담겨 있다. 이 책에서 일관되게 전달하고자 하는 메시지는 아이들과 함께하는 일상적인 경험에 주의를 기울임으로써 아이들이 그러한 현실을 창조하도록 도울 수 있다는 것이다.

다시 말해, 확실히 뭔가 가르쳐줄 수 있는 상황뿐만 아니라 곤란하고 어려운 상황, '실제로 아무것도 일어나고 있지 않은' 단조로운 상황조차 기회로 활용하여 자녀들이 행복하고 성공적이며 유익한 인간관계를 누리고 자신이 누구인지에 만족하도록 준비할 수 있다. 요컨대 전뇌적인 아이가 되도록 도울 수 있다는 것이다.

앞서 살펴보았듯이, 전뇌적 관점에서 얻을 수 있는 주된 혜택은 부모로서 날마다 맞이하는 위기 상황을 완전히 바꿀 수 있게 한다는 점이다. 위기 상황은 아이들과의 교감과 즐거움을 방해할 수 있다. 전뇌적 양육은 단순히 상황을 견뎌내는 것 이상의 성취를 할 수 있게 해준다.

이 접근법은 부모와 자녀 사이의 연결과 깊은 이해를 증진한다. 통합에 대한 인식을 통해 우리는 아이와 가까워지는 방식으로 상황을 다룰 수 있고 자신감도 높일 수 있다. 아이의 마음을 알 수 있고, 나아가 건강하고 긍정적인 마음을 형성하는 데 도움이 될 수 있다. 그 결과, 아이들은 성공적인 삶을 살아갈 뿐만 아니라 아이들과 우리의 관계도 풍요로워질 것이다.

전뇌적 양육은 사랑스럽지만 때론 짜증나게 하는 아이들의 지금 모습과 더불어 미래의 모습에 대한 내용이다. 전뇌적 양육은 아이의 뇌를 통합하고 정신을 성숙케 하며, 아이가 앞으로 청소년을 거쳐 성인으로 자라는 동안 득이 될 기술을 길러주는 일이다. 우리는 아이들에게 통합을 장려하고 상위 뇌의 계발을 도와줌으로써 이들이 더 좋은 친구, 더 좋은 배우자, 더 좋은 부모가 되도록 준비시켜준다.

예를 들어, 어떤 아이가 자기 마음속의 감각, 심상, 감정, 생각을 SIFT하는 법을 배운다면 자기를 훨씬 깊이 이해하고 자기통제도 잘할 것이며 다른 사람들과도 원만히 관계할 것이다. 마찬가지로 갈등을 통해 교감하기를 가르침으로써 불쾌한 논쟁까지도 기회로 삼아 다른 사람의 마음과 관계를 맺고 그로부터 배울 수 있는 능력을 아이에게 선물하는 셈이다. 통합은 상황을 '인내하기', '성공하기'와 관련이 있으며 장래 우리 아이들의 행복에 대한 내용이다.

세대를 아우르는 전뇌적 접근법의 영향력에 대해 생각해보면 참으로 놀라지 않을 수 없다. 여러분은 미래에 긍정적인 변화를 가져올 힘이 지금 자신에게 있음을 알고 있는가? 여러분은 아이들에게 전체 뇌를 사용하는 능력을 선물함으로써 아이들의 삶뿐만 아니라 아이가 교류하는 사람들의 삶에도 영향을 끼칠 것이다.

거울 뉴런과 사회적인 뇌를 기억하는가? 앞에서 설명했듯이, 아이들의 뇌는 외부와 단절된 채 고립된 '혼자인 뇌'가 아니다. 우리 자신과 가족, 공동체는 신경학적으로 완전히 연결되어 있다. 이리저리 치이고 바쁜 가운데 고독한 삶에서도 우리는 모두 서로 연결되어 상호 의존 관계에 있다는 본질적인 진실을 기억해낼 수 있다.

이러한 진실을 배우는 아이들은 자기 삶에서 행복과 의미, 지혜를 키우고 드러나게 할 기회뿐만 아니라 다른 사람들에게도 그 지식을 전해줄 기회를 얻는다. 아이들에게 마음속 리모컨을 사용해서 암묵 기억을 드러내도록 가르쳐줄 때, 그 아이들이 일생에 걸쳐 다른 사람들과 의미 있는 상호작용을 할 수 있게 해주는 자기 성찰 기술을 익히도록 도운 것이다.

의식의 바퀴에 대해 가르쳐주는 것도 마찬가지다. 일단 자신의 다양한 측면의 통합을 이해하게 되면 자신을 깊이 이해할 수 있고 주변 사람들과 상호작용할 방식을 능동적으로 선택할 수 있다. 이들은 자기 인생의 배에서 선장이 되어 혼란의 둑과 긴장의 둑을 쉽게 피하면서 행복의 강의 조화로운 흐름에 자주 머무를 수 있다.

사람들에게 통합을 가르치고 그것을 일상에 적용하는 법을 가르쳤을 때 깊고 오래 지속되는 긍정적 효과를 발휘한다는 사실을 몇 번이고 확인했다. 아이들에게는 이 접근법이 발달의 방향을 바꾸어 주는 한편, 의미 있고 친절하며 유연하고 회복력 있는 삶을 위한 발판을 마련해주기도 한다. 전뇌적 접근법에 따라 자라 온 아이들은 나이답지 않게 현명한 이야기를 하기도 한다.

어느 세 살짜리 남자아이는 모순처럼 보이는 감정을 인정하고 전달하는 데 능숙해져서 엄마, 아빠가 외출한 동안 베이비시터와 저녁 시간을 보내고서 엄마, 아빠가 돌아왔을 때 이렇게 말했다.

"엄마, 아빠가 안 계실 때 보고 싶었지만 저도 케이티 누나랑 재미있게 놀았어요."

어떤 일곱 살짜리 아이는 가족 소풍을 가는 길에 부모에게 이렇게 말하기도 했다.

"엄마, 공원에서 엄지손가락을 다친 일에 대해 난리를 피우지 않기로 했어요. 사람들한테는 그냥 다쳤다고 말하고 재미있게 놀아야겠어요."

이 수준의 자기 인식은 어린 아이들에게는 매우 놀라운 일이지만,

이런 사례들은 전뇌적 접근법을 이용할 때 어떤 일들이 가능한지를 보여준다. 인생이 펼쳐짐에 따라 단지 수동적으로 베끼는 사람이 아니라 인생 이야기의 능동적인 작가가 되었을 때 스스로 사랑하는 삶을 빚어낼 수 있다.

이런 유형의 자기 인식이 장래에 어떻게 더욱 건강한 인간관계로 이어질지 볼 수 있다. 특히 자녀가 부모가 되었을 때 이런 자기 인식이 어떤 의미일지 알 수 있다. 전체 뇌를 사용하는 전체 뇌가 발달된 아동을 길러냄으로써 우리는 실제로 미래의 손자와 손녀에게도 중요한 선물을 주는 셈이다. 잠시 눈을 감고 아이들이 자기 아이를 안은 모습을 상상해보자. 그리고 그 아이들에게 전해준 힘이 어떤 것인지 깨달아보자.

거기서 끝이 아니다. 우리의 손자, 손녀는 부모에게 배운 것을 받아들이고, 기쁨과 행복이라는 영원한 유산을 멀리 전해줄 수 있다. 아이들이 자기 아이에게 '교감하고 방향 재설정하기'를 적용하는 모습을 지켜보고 있다고 상상해보라. 이렇게 해서 우리는 대대로 삶을 통합할 수 있다.

우리는 여러분이 이런 상상에 자극받아 저마다 자기가 원하는 모습의 부모가 되겠다고 마음먹기를 바란다. 당연히 이상적인 모습에 이르지 못할 때도 있을 것이다. 이 책에서 소개한 많은 기술과 기법에는 우리 자신과 아이들이 실제로 노력해야 적용할 수 있는 것들이 많다. 과거를 돌이켜보며 고통스러운 경험을 다시 이야기한다거나 아이가 속상해할 때 하위 뇌를 끌어내는 대신 상위 뇌를 사용해야 함을 상기하기란 항상 쉽지만은 않다. 하지만 모든 전뇌 습관은 지금 당장 실행할 수 있는 실용적인 단계를 제공한다.

이 단계들은 가족의 삶을 개선하고 감당하기 쉽도록 만드는 데 유용하다. 완벽한 슈퍼 부모가 되거나 아이들을 완벽한 꼬마 로봇으로 만드는 프로그램을 따라 할 필요는 없다. 여느 부모들이 그렇듯 여전히 실수를 수두룩하게 저지르며 아이들 역시 여느 아이들과 마찬가지로 실수를 한다. 하지만 전뇌적 시각의 장점은 우리가 성숙하고 배우기 위해 '실수도 기회'라는 사실을 이해하게 해준다는 데 있다.

이 접근법은 우리가 모두 사람임을 받아들이는 동시에 내가 무엇을 하고 있는지, 어디로 가고 있는지 의도적으로 의식하는 과정을 포함한다. 의도와 주의는 우리의 목표이지, 완벽을 추구하는 가운데 엄격하고 혹독하게 기대하는 사항이 아니다.

일단 전뇌적 접근법을 알게 되면 여러분은 미래를 키워낸다는 이 엄청난 책임감에 동참할 지인들과 이것을 나누고 싶을 것이다. 전뇌적인 부모는 아이들의 행복과 건강을 증진하기 위해 팀으로 함께 일할 수 있는 양육자, 즉 선생님이나 다른 부모들과 지식을 공유하는 데 열정적으로 임하게 된다.

전뇌적 가족을 만들어 가면서, 이 세대와 미래 세대를 위해 정서적 안녕을 추구하며 풍요롭고 인간관계 중심인 공동체를 만드는 더 큰 비전에 동참하게 된다. 우리는 뇌세포의 시냅스 수준에서 사회적으로 연결되어 있고 삶에 통합을 끌어 옴으로써 웰빙의 세계를 만든다.

여러분은 부모들이 자녀와 사회 전체에 끼치는 긍정적인 영향을 우리가 얼마나 열정적으로 믿는지 알 수 있을 것이다. 부모로서 할 수 있는 일 가운데 자녀의 마음을 형성하는 방식에 의식적으로 접근하는 것 이상으로 중요한 일은 없다. 부모들의 행동은 지극히 중요하다.

따라서 스스로 너무 심하게 몰아붙여서는 안 된다. 이 책에서는 아이들과 함께하는 순간을 이용하는 것이 중요하다고 강조했지만 100퍼센트의 시간을 이렇게 할 수 있으리라는 생각은 현실적이지 못하다. 중요한 점은 아이의 발전을 도와줄 일상적인 기회를 의식하는 상태를 유지하는 것이다.

그렇다고 해서 끊임없이 뇌에 대해 이야기하고 아이에게 인생에서 중요했던 사건을 회상하라고 재촉해야 한다는 것은 아니다. 긴장을 풀고 함께 즐거운 시간을 보내는 것도 마찬가지로 중요하다. 가끔은 가르쳐줄 수 있는 순간을 흘려보내더라도 괜찮다.

여러분의 힘이 아이들의 마음을 형성하고 미래에 영향을 끼친다는 이 모든 이야기가 처음에는 왠지 겁을 먹게 한다는 사실을 우리도 안다. 특히 부모가 간단히 통제할 수 없는 유전자와 경험이 아이들에게 영향을 끼친다니 더욱 그럴 것이다. 하지만 이 책의 본질적인 개념을 진정으로 이해한다면 '내가 우리 애한테 잘 못해주고 있으면 어떡하나'라는 두려움에서 자유로워질 수 있음을 깨닫게 될 것이다.

실수를 전부 피하는 것이 여러분 책임이 아니듯이 아이들의 눈앞에서 장애물을 전부 치워주어야 하는 것도 아니다. 그 대신 여러분이 할 일은 아이와 함께 있어주고 삶의 오르막과 내리막길에서 아이와 연결된 상태로 있어주는 일이다.

이 책이 전하는 중요한 메시지는 아이와 함께 겪는 힘든 순간들도, 여러분이 부모로서 저지르는 실수들도 모두 아이가 자라고 배우고 성장해서 행복하고 건강하며 온전히 자기다운 사람이 되는 데 도움을 줄 기회라는 점이다.

아이의 격한 감정을 외면하거나 힘든 일에서 주의를 돌리게 하기보다는 힘든 상황을 함께 겪으면서 아이의 뇌를 하나의 전체로서 계발해주고, 곁에 있어줌으로써 부모와 자녀 간의 유대를 튼튼히 하며, 누군가 알아주고 이야기를 듣고 돌보아준다고 느끼게끔 이끌 수 있다.

여기까지 함께 살펴본 내용이 굳건한 토대가 되고 영감을 주어 지금과 이다음 몇 년간, 다음 세대에 이르기까지 여러분이 자녀와 가족을 위해 원하는 대로 삶을 만들어 나가게 되기를 바란다.

부모로서, 또 치료사로서 우리는 간단하고 손쉬우며 실용적이고 효과도 좋은 응용 서적을 발견하는 것이 얼마나 중요한지 안다. 이와 동시에 숙련된 과학자로서, 최첨단 과학을 근거로 하는 작품의 힘이 얼마나 큰지도 안다. 이 책이 과학적 연구 위에 확고히 자리 잡은 한편 일상의 현실 세계에도 단단히 뿌리를 내린 채 끝까지 쓰이도록 도와주신 많은 분들께 깊이 감사한다.

운 좋게도 USC와 UCLA의 다양한 분야에 속한 학술적이고 전문적인 동료들과 함께 일할 수 있었다. 양쪽 다 우리 책의 내용을 뒷받침해주었고 뇌와 인간관계에 대한 그들의 꾸준한 연구 노력은 우리에게 영감을 주었다. 이분들 덕분에 대니얼의 첫 책인《마음의 발달 Developing Mind》은《아직도 내 아이를 모른다The Whole-Brain Child》를 쓰는 동안 2000군데가 넘게 수정되었다.

이 책을 쓰면서 참고한 연구들을 수행해준 과학자들과 연구자들에게 감사한다. 그분들이 연구한 지식을 이렇게 옮겼기 때문에 이 책에 최신 정보를 담을 수 있었다.

이 원고는 훌륭한 저작권 대리인이자 친구인 더그 아브람스와의 긴밀한 공동 작업의 결과물이다. 더그는 소설가의 눈과 편집자의 손을 빌려주어 구상 기간 동안 큰 힘이 되어 주었다. 삼총사처럼 셋이 모여서 중요한 아이디어를 정확하면서도 직접적이고 이해하기 쉬운 내용으로 옮기는 모험을 감행하면서 일상에서 쉽게 활용할 수 있는 과학 응용 서적으로 만들어내는 작업은 즐거웠다. 그와 함께 떠날 다음 모험을 학수고대한다.

또 병원 동료들과 마인드사이트연구소의 학생들, 세미나 그룹과 부모 그룹(특히 화요일 밤, 월요일 아침 그룹) 참가자들에게도 감사한다. 이들은 양육에 대한 전뇌적 접근법의 기반을 이루는 아이디어에 대해 의견을 내주었다. 정말 많은 분들이 원고를 읽고 귀중한 지적을 해주어서 이 책의 현장 테스트에 큰 도움이 되었다.

책에 대한 훌륭한 의견을 주신 분은 로라 허버, 제니 로런트, 리사 로젠버그, 엘렌 메인, 제이 브라이슨, 새라 스미런, 제프 뉴웰, 지나 그리솔드, 셀레스트 뉴호프, 엘리사 닉슨, 크리스틴 애덤스, 새라 하이델, 리 페인, 헤더 소리얼, 브래드리 휘트포드, 안드레 반 루이엔이다. 다른 분들도 이 책의 탄생에 없어서는 안 될 역할을 담당했다. 그 가운데 특별히 이 책을 지원해주고 시간을 내준 데보라 벅월터와 갤런 벅월터, 젠 윌리엄스와 크리스 윌리엄스, 리즈 올슨과 스티브 올슨, 린다 버로우, 로버트 콜그로브, 패티 니, 고든 워커에게 감사한다.

또한 이 책을 편집해준 편집자의 노력을 치하하며 감사를 보낸다. 책 만드는 모든 과정에서 인내와 헌신, 지혜를 보여주었다. 책과 아이들을 지극히 사랑하고 아끼는 편집자와 함께 일했다는 사실이 우리에게는 더없는 행운이었다.

우리의 이야기를 들어주었거나 함께하는 특권을 우리에게 선물해 준 많은 부모님들과 선생님들에게는 전뇌적 관점을 받아들여준 데 대해 마음 깊은 곳에서 감사를 드린다. 전뇌적 접근법이 여러분과 자녀와의 관계를 변화시킨 그 이야기들은 이 책을 쓰는 내내 우리에게 영감과 자극을 선사했다. 이 책에 실제 경험이 실린 모든 부모들과 환자들에게 특별히 감사를 드린다.

아이들이 마음의 회복력을 키우고 배려 있는 관계를 맺도록 도우려는 헌신은 가정에서 출발한다. 옆에서 독려해준 두 저자의 배우자인 캐롤라인과 스콧에게도 깊이 감사한다. 이들의 지혜와 편집에 대한 거침없는 의견은 이 책에 잘 녹아들어 있다. 이들은 최고의 친구이자 최고의 협력자이기도 했다. 원고 더미 속에서 쓰고 또 쓰는 과정을 도와주었으며 자신들의 문학적 재능과 부모로서의 지혜를 나누어주었다.

이 책은 이 두 사람이 아니었으면 결코 세상에 나오지 못했을 것이다. 스콧은 너그럽게도 영국 교수의 시각과 작가의 마음, 편집자의 펜을 빌려주어 이 책을 부드럽고 명확하게 읽어 내려가게 해주었다.

가족의 노력이 개인적 삶에서 가장 풍부하게 표현되는 것은 최고의 선생님인 아이들을 통해서이다. 아이들의 사랑과 장난기, 감정과 헌신은 말로 표현할 수 없을 만큼의 영감과 의욕을 북돋아주었다.

이 삶의 여정에서 부모가 될 기회를 준 아이들에게 가슴 깊은 곳에서 우러나는 감사를 표한다. 통합에 대한 아이디어를 여러분과 함께 나누고자 하는 동기를 부여하는 것은 아이들의 발달에 대한 여러 차원의 탐구이다. 이 책을 계기로 여러분이 사랑하는 아이들과 통합과 건강, 행복으로 떠나는 여정을 함께할 수 있기를 바라며, 사랑을 담아 이 책을 우리 아이들에게 바친다.

옮긴이 김아영

연세대학교 심리학과를 졸업하고 글밥아카데미 수료 후 바른번역 소속으로 기획 및 번역 활동을 하고 있다. 디자인 전문 잡지 《지콜론(G:)》에 디자인과 심리를 접목한 칼럼을 연재하기도 했다. 직접 기획하고 옮긴 책으로 《문학 속에서 고양이를 만나다》가 있고 옮긴 책으로는 《엄마의 자존감》 《어떻게 공부할 것인가》 《그 남자, 좋은 간호사》 《확신의 힘》 《제대로 살아야 하는 이유》 《단어의 사생활》 등이 있다.

감수 김영훈

가톨릭대 의대 졸업 후 동 대학에서 석사 및 박사 학위를 받았다. 2002년 대한소아신경학회 학술상과 2007년 가톨릭대학교 소아과학교실 연구업적상을 받았다. 대한소아청소년과학회 발달위원장, 한국발달장애교육치료학회 부회장, 한국두뇌교육학회 회장 등으로 학술활동을 하고 있다. 가톨릭대학교 의정부성모병원장을 역임하였으며 가톨릭대학교 의과대학 소아청소년과 전문의로 재직 중이다. EBS '육아학교' 멘토로 활약하고 있으며 저서로는 《하루 15분 그림책 읽어주기의 기적》 《4~7세 창의력 육아의 힘》 《뇌박사가 가르치는 엄마의 두뇌태교》 《둘째는 다르다》 등이 있다.

아직도 내 아이를 모른다

1판 1쇄 발행 2020년 4월 13일
1판 5쇄 발행 2025년 1월 10일

지은이 대니얼 J. 시겔 & 티나 페인 브라이슨
옮긴이 김아영 **감수** 김영훈

발행인 양원석 **편집장** 최두은
영업마케팅 윤송, 김지현, 백승원, 이현주, 유민경

펴낸 곳 ㈜알에이치코리아
주소 서울시 금천구 가산디지털2로 53, 20층(가산동, 한라시그마밸리)
편집문의 02-6443-8844 **도서문의** 02-6443-8800
홈페이지 http://rhk.co.kr
등록 2004년 1월 15일 제2-3726호

ISBN 978-89-255-6922-2 (03590)